SICHUANSHENG GONGCHENG JIANSHE BIAOZHUN SHEJI

四川省工程建设标准设计

四川省农村居住建筑维修加固图集

四川省建筑标准设计办公室

微信扫描上方二维码，
获取更多数字资源

图集号　川16G122-TY

西南交通大学出版社
·成　都·

图书在版编目（ＣＩＰ）数据

四川省农村居住建筑维修加固图集 /四川省建筑科学研究院主编. —成都：西南交通大学出版社，2017.2

ISBN 978-7-5643-5246-2

Ⅰ. ①四… Ⅱ. ①四… Ⅲ. ①农村住宅 – 修缮加固 – 四川 – 图集 Ⅳ. ①TU241.4-64

中国版本图书馆 CIP 数据核字（2017）第 007826 号

责 任 编 辑　　李芳芳
封 面 设 计　　何东琳设计工作室

四川省农村居住建筑维修加固图集

主编　四川省建筑科学研究院

出 版 发 行	西南交通大学出版社 （四川省成都市二环路北一段 111 号 西南交通大学创新大厦 21 楼）
发行部电话	028-87600564　　028-87600533
邮 政 编 码	610031
网　　　址	http://www.xnjdcbs.com
印　　　刷	四川煤田地质制图印刷厂
成 品 尺 寸	260 mm × 185 mm
印　　　张	8
字　　　数	191 千
版　　　次	2017 年 2 月第 1 版
印　　　次	2017 年 2 月第 1 次
书　　　号	ISBN 978-7-5643-5246-2
定　　　价	86.00 元

四川省住房和城乡建设厅

川建标发〔2016〕947号

四川省住房和城乡建设厅关于批准《四川省农村居住建筑维修加固图集》为省建筑标准设计通用图集的通知

各市（州）及扩权试点县（市）住房城乡建设行政主管部门：

由四川省建筑标准设计办公室组织、四川省建筑科学研究院主编的《四川省农村居住建筑维修加固图集》，经审查通过，现批准为四川省建筑标准设计通用图集，图集编号为川16G122-TY，自2017年2月1日起施行。

该图集由四川省住房和城乡建设厅负责管理，四川省建筑科学研究院负责具体解释工作，四川省建筑标准设计办公室负责出版、发行工作。

特此通知。

四川省住房和城乡建设厅

2016年12月6日

《四川省农村居住建筑维修加固图集》

编审人员名单

主 编 单 位 四川省建筑科学研究院

参 编 单 位 四川省建筑工程质量检测中心

四川省建筑新技术工程公司

西南交通大学校园规划与建设处

编制组组长 肖承波

编制组组员 吴 体　高永昭　陈雪莲　凌程建　李德超

陈 华　蒋智勇　甘立刚　侯 伟　何 淼

审查组组长 尤亚平

审查组组员 王泽云　黄 良　王建平　张 平

总目录

总 说 明

1 编制概况

本图集根据四川省住房和城乡建设厅《关于同意编制〈四川省农村居住建筑维修加固图集〉等四部省标通用图集的批复》（川建勘设科发〔2016〕722号）立项编制。主编单位为四川省建筑科学研究院，参编单位为四川省建筑工程质量检测中心、四川省建筑新技术工程公司和西南交通大学校园规划与建设处。

2 主要内容及适用范围

2.1 本图集主要包括地基基础、砌体结构、石结构、木结构、钢筋混凝土构件的加固维修和屋盖系统的加固维修。

2.2 本图集适用于四川行政区域内的农村居民自建两层（含两层）及以下，跨度不超过6m，且单体建筑面积不超过300m²的农村居住建筑的维修加固。

2.3 本图集可供农村居住建筑维修加固设计时选用。

3 主要设计依据

3.1 设计依据

（1）《四川省农村居住建筑C级危房加固维修技术导则（试行）》（川建村镇发〔2013〕124号）

（2）《四川省"4·20"芦山强烈地震灾区受损农村居住建筑维修加固技术导则（试行）》（川重建办函〔2013〕2号）

3.2 参考设计依据

（1）《四川省农村居住建筑抗震技术规程》DBJ 51/016-2013

（2）《砌体结构加固设计规范》GB 50702-2011

（3）《混凝土结构加固设计规范》GB 50367-2013

（4）《工程结构加固材料安全性鉴定技术规范》GB 50728-2011

（5）《建筑结构加固工程施工质量验收规范》GB 50550-2010

（6）《建筑抗震加固技术规程》JGJ 116-2009

（7）《混凝土结构设计规范（2015年版）》GB 50010-2010

（8）《农村危房改造抗震安全基本要求（试行）》建村〔2011〕115号

（9）《四川省农村居住建筑抗震构造图集》DBJT20-63(川14G172)

（10）《农村住房危险性鉴定标准》JGJ/T 363-2014

（11）《抹灰砂浆技术规程》JGJ/T 220-2010

4 总体要求

4.1 加固维修方案应根据房屋危险性鉴定、安全性鉴定和现场复查结果综合确定，确保房屋结构安全及正常使用要求。并应结合房屋的抗震鉴定、抗震加固方案一并实施。加固维修方案可为房屋整体加固、局部加固或构件加固。

4.2 加固维修方案应意图明确、受力传力途径合理、加固方法成熟可靠且易于实施。当对结构构件进行加固时，加固方法应满足消除正常使用性安全隐患和抗震隐患两项需要。

4.3 加固维修方案的选择应考虑当地的施工条件、技术要求，做到因地制宜。

4.4 房屋屋面、墙面、门窗和上下水管道破损或渗漏等使用功能的维护修缮，应按照相关的技术标准要求实施。

4.5 房屋加固维修应符合当地城乡规划对建筑风格风貌、美观的要求，保护环境，保护生态的要求。

5 基本规定

5.1 对按照《农村住房危险性鉴定标准》JGJ/T 363-2014判定房屋场地为危险场地的房屋，或位于地震时可能发生滑坡、崩塌、地陷、地裂、泥石流、发震断裂带地表错位的抗震危险地段的房屋，不应再对房屋进行加固维修，建议拆除。

5.2 加固维修方案应符合下列规定：

5.2.1 新增的结构构件或结构构件的局部加强，应防止局部加固或新增件的局部过度加强而导致结构刚度突变所形成新的薄弱部位，避免对未加固部分和相关的结构构件、地基基础造成不利的影响。新增结构构件与原有结构构件之间应有可靠连接。

5.2.2 房屋竖向承重构件的加固维修，应从结构构件的竖向承载能力、抗侧力能力和支撑联系的整体作用考虑。新增的墙、柱等竖向结构构件应结合原房屋平面布局均匀规则布置，沿竖向应上下连续并设置可靠的基础。

总说明	图集号	川16G122-TY
审核 李德超　校对 蒋智勇　设计 陈雪莲	页	1

5.2.3 木屋盖结构的加固维修，应从更换或补强已损伤、腐朽、虫蚀的结构构件，减轻屋面覆土等屋面荷重，加强屋盖构件节点连接、屋盖支撑、受力分析等方面综合考虑。

5.2.4 木结构房屋围护墙的加固维修，应从围护墙自身的稳定性、安全性考虑。围护墙与主体结构的连接，应以围护墙的损坏不致影响主体结构安全为原则，并应采取适宜的防护措施，防止围护墙向房屋室内侧倾斜、塌落。

5.3 对受损或超高或无可靠连接的门脸、檐口及出外墙的装饰物等易倒塌伤人的非结构构件，应予以拆除。突出屋面无锚固的烟囱、女儿墙等的出屋面高度：6度、7度、8度时不应大于500mm，9度时不应大于400mm；超出上述高度时，应采取拉结措施或拆矮。

5.4 主要加固材料

5.4.1 钢筋混凝土和砌体加固维修使用的材料类型与原结构相同时，其材料强度等级不应低于原结构材料强度等级，并满足下列要求：

（1）普通小砌块的产品龄期不应小于28d（天）；其强度等级不应低于MU7.5，砌块外壁厚度不应小于30mm，中间肋厚不应小于25mm。

（2）砌体加固维修用的块体，宜采用与原结构同品种块体；烧结普通砖和多孔砖、混凝土普通砖和多孔砖的强度等级不应低于MU10；混凝土小型空心砌块的强度等级：6度、7度时不应低于MU7.5，8度、9度时不应低于MU10；蒸压灰砂砖、蒸压粉煤灰砖的强度等级：6度、7度时不应低于MU10，8度、9度时不应低于MU15。

（3）砌体加固维修用的砌筑砂浆可采用水泥砂浆或水泥石灰混合砂浆，但基础、防潮层、地下室以及其它潮湿部位应采用水泥砂浆。烧结普通砖和多孔砖、混凝土普通砖和多孔砖的砌筑砂浆强度等级：6度、7度时不应低于M2.5，8度、9度时不应低于M5；蒸压灰砂砖、蒸压粉煤灰砖砌体砌筑砂浆强度等级：6度、7度时不应低于Ms5；8度、9度时不应低于Ms7.5。混凝土小型空心砌块砌体砌筑砂浆强度等级：6度、7度时不应低于Mb5，8度、9度时不应低于Mb7.5。

（4）加固用混凝土中石子粒径应为5mm～20mm，宜采用中、粗砂。加固用混凝土应采用无收缩细石混凝土，混凝土强度等级应较原构件混凝土强度提高一个强度等级，且基础加固用素混凝土不应低于C15，上部结构加固用素混凝土和钢筋混凝土均不应低于C20。当不需要考虑新增混凝土与原构件形成整体时，可采用普通混凝土。

（5）砂浆及混凝土应结合当地材料情况进行试配确定配合比，满足要求后方可用于施工，并应严格执行配合比例。

5.4.2 加固维修用的钢筋应满足下列要求：

（1）应采用HPB300级、HRB335级和HRB400级钢筋，钢筋的强度标准值应具有不小于95%的保证率，钢材应具有抗拉强度、屈服强度、伸长率和碳、硫、磷含量等合格证书。

（2）抗震等级为二、三级的框架和斜撑构件（含梯段）的维修加固用的纵向受力钢筋，应优先采用抗震钢筋；当采用普通钢筋时，钢筋的抗拉强度实测值与屈服强度实测值的比值不应小于1.25，钢筋的屈服强度实测值与屈服强度标准值的比值不应大于1.3。

（3）承重构件中不得使用废旧钢筋，不应采用人工砸直的方式对钢筋加工处理。当混凝土结构的后锚固为植筋时，应使用热轧带肋钢筋，不得使用光圆钢筋。

5.4.3 钢板、型钢、扁钢和钢管应采用Q235或Q345钢材，钢材应有抗拉强度、屈服强度、伸长率和碳、硫、磷含量等合格证书。螺栓可采用5.6级普通螺栓，其抗拉强度不小于210N/mm²，抗剪强度不小于190N/mm²。当后锚固件为钢螺杆时，应采用全螺纹的螺杆，不得采用锚入部位无螺纹的螺杆。

5.4.4 新增钢筋在原混凝土构件中采用钻孔植筋锚固用胶粘剂必须使用改性环氧类或改性乙烯基酯类胶粘剂，宜选用A级胶，应具有满足《工程结构加固材料安全鉴定技术规范》GB 50728-2011第4.2.2条要求的合格证明材料及检验报告。

总说明		图集号	川16G122-TY
审核 李德超　校对 蒋智勇 蒋智勇 设计 陈雪莲		页	2

5.4.5 连接用焊条：E43型用于HPB300级钢焊接，E50型用于HRB335级、HRB400级钢焊接。焊条应有产品合格证。

5.4.6 加固维修用水泥，应采用强度等级不低于32.5级的硅酸盐水泥和普通硅酸盐水泥，也可采用强度等级不低于42.5级矿渣硅酸盐水泥或火山灰质硅酸盐水泥。必要时，可以采用快硬硅酸盐水泥或复合硅酸盐水泥。严禁使用安定性不合格的水泥、含氯化物的水泥、过期水泥和受潮水泥。

5.4.7 加固所用的木材应选用干燥、节疤少、无腐朽的木材，承重用的木构件宜选用原木、方木和板材。木材材质的其他要求见本图集第（四）分册相关要求。

5.5 钢筋混凝土构件的最外层钢筋的混凝土最小保护层厚度：室内干燥环境或无侵蚀性静水浸没环境时，板、墙为15mm，梁、柱为20mm；室内潮湿环境、露天环境或与无侵蚀性的水或土壤直接接触的环境时，板、墙为20mm，梁、柱为25mm。当混凝土强度等级不大于C25时，上述保护层厚度应增加5mm。

5.6 腐朽、疵病、严重开裂而丧失承载能力的木结构构件应予更换或增设构件加固。

5.7 外露铁件应采取可靠的防锈处理措施。

5.8 对严重酥碱、开裂错位、空鼓歪闪的土石围护墙（含土夯、土坯等生土墙和毛片石、毛卵石等毛石墙），以及抗震设防为8度及其以上地区的土石围护墙，应予拆除并采用砖或砌块重砌。

5.9 毛石围护墙的加固维修应选用质地坚实、无风化、剥落和裂纹的石材，其形状不能过于细长、扁薄、尖锥或接近圆形。砌筑砂浆应采用混合砂浆，不得采用干码甩浆和空心夹层的砌筑方法。

6 其他

6.1 φ——特殊注明外，表示钢筋直径。

6.2 本图集中的尺寸均以毫米为单位，标高以米为单位，图中未注明的尺寸由加固维修设计或方案制定方确定。

6.3 本图集的单个详图索引方法如下：

7 其余未注明事项应满足《四川省农村居住建筑C级危房加固维修技术导则（试行）》（川建村镇发〔2013〕124号）、《四川省"4·20"芦山强烈地震灾区受损农村居住建筑维修加固技术导则（试行）》（川重建办函〔2013〕2号）及其他相关规范（标准）的要求

	总说明	图集号	川16G122-TY
审核 李德超　　　　校对 蒋智勇　　　设计 陈雪莲		页	3

5

四川省农村居住建筑维修加固图集
（地基基础）

批准部门：四川省住房和城乡建设厅

主编单位：四川省建筑科学研究院

参编单位：四川省建筑工程质量检测中心
四川省建筑新技术工程公司
西南交通大学校园规划与建设处

批准文号：川建标发〔2016〕947号

图集号：川16G122-TY（一）

实施日期：2017年2月1日

主编单位负责人：吴体

主编单位技术负责人：

技术审定人：李永昕 淡飞建

设计负责人：蒋智勇

目　录

	目录	图集号	川16G122-TY（一）
审核 李德超　　　 校对 甘立刚　　　 设计 蒋智勇　蒋智勇		页	1

说　明

1 一般规定

1.1 在选择建筑地基、基础加固方案时，应根据加固的目的，结合地基基础和上部结构的现状，并考虑上部结构、基础和地基的共同作用，可选择采用加固地基、加固基础或加强上部结构刚度和加固地基基础相结合的方案。

1.2 对选定的各种加固方案，应分别从预期效果、施工难易程度、材料来源和运输条件、施工安全性、对邻近建筑和环境的影响、机具条件、施工工期和造价等方面进行技术经济分析和比较，选定最佳的加固方法。

1.3 对地基基础加固的房屋，应在施工期间进行沉降观测。对湿陷性较大或具膨胀性的地基，应做好防水、散水及排水措施。

1.4 对属地基基础原因造成上部结构损坏的房屋维修加固，应在地基沉降基本稳定或对地基基础处理之后，再进行房屋上部结构加固处理。

2 维修加固方法

2.1 地基加固方法

2.1.1 当基础边缘下方45度扩散压力线范围(持力层)内有松散的杂填土、旧水沟等局部软弱层时，可采用局部加深或打桩等方法处理。

2.1.2 当地基出现局部不均匀沉降时，可采用地基注浆方式对地基进行加固，注浆可采用水泥浆。

2.2 基础裂损修补方法

2.2.1 当基础因受地震、冻胀等影响而出现局部裂损时，可采用局部置换法、基础注浆加固法进行加固。

2.2.2 当基础局部破损严重，进行局部置换时应根据置换范围采取可靠的支撑措施。砌体基础局部置换时，应先凿除破损区域，清理干净后采用不低于原砌体强度的砌体材料或采用不低于C20的无收缩细石混凝土进行置换；混凝土基础局部置换时，应先凿除局部破损区域，洗净润湿后采用比原混凝土强度高一等级的无收缩细石混凝土进行置换。

2.3 基础注浆加固法

基础注浆加固主要用于基础裂缝的修复处理，浆料可采用水泥浆。采用压力注浆机将浆料注射入基础的裂缝内，对裂缝进行修复，增强基础的整体性。

2.4 加大基础底面积加固法

当房屋出现因地基基础不均匀沉降引起的墙体裂缝或轻微变形时，或原有房屋地基基础承载能力不满足要求时，对墙下条形基础或柱下独立基础，可采用混凝土套或钢筋混凝土套扩大基础底面积的方法进行加固。

2.5 增强上部结构整体性的加固方法

对液化地基、软土地基或某些不均匀地基上的建筑，可采取提高房屋整体性的方式或调整荷载抵抗不均匀沉降的能力，如增设地圈梁或加大原有地圈梁截面，以及原墙体采用双面钢筋网水泥砂浆面层或增设构造柱法等进行加固。

3 施工要点

3.1 基础注浆加固法施工要点

3.1.1 基础注浆施工时，先在原基础裂损处钻孔，注浆管直径可为25mm，钻孔和水平面的夹角不应小于30°，钻孔孔径应比注浆管的直径大2mm~3mm，孔距可为0.5m~1.0m。

3.1.2 基础注浆的浆料可采用水泥浆，注浆压力可取0.1MPa~0.3MPa。如果浆液不下沉，则可逐渐加大压力至0.6MPa，浆液在10分钟~15分钟内再不下沉则可停止注浆。注浆的有效直径为0.6m~1.2m。

3.1.3 基础注浆加固时，对单独基础每边钻孔不应少于2个；对条形基础应沿基础纵向分段施工，每段长度可取1.5m~2.0m。

说明		图集号	川16G122-TY(一)
审核 李德超	校对 甘立刚	设计 蒋智勇	页
			2

3.2 加大基础底面积加固法施工要点

3.2.1 原结构基础为混凝土条形基础、柱下独立基础等配筋基础时，新增混凝土套应配置受力钢筋，受力钢筋可与原基础受力钢筋焊接连接。

3.2.2 原结构基础为砖基础或条石基础时，新增混凝土套应控制刚性角(见大样图要求)。

3.2.3 应控制开挖深度，基础新增部分的埋深及持力层应与原基础相同，开挖深度不应超过原基础埋深。如需进行局部地基处理，应按本分册第2.1.1条执行。

3.2.4 新加混凝土的强度等级应较原混凝土提高一级，且素混凝土不应低于C15，钢筋混凝土不应低于C20；新旧混凝土的连接除进行凿毛处理外，应间隔设置连接短筋，连接短筋在原基础中采用钻孔植筋锚固。钻孔植筋除声明外，尚应满足本图集第五分册"钢筋混凝土构件"对钻孔植筋的要求。

3.2.5 新旧混凝土结合面宜采用花锤在混凝土粘合面上錾出麻点，形成点深约3mm、点数600点/m²～800点/m²的均匀分布；也可錾成深4mm～5mm、间距约30mm的梅花形分布。然后采用钢丝刷等工具清除原构件混凝土表面的骨料、砂砾、浮渣和粉尘；钻孔植筋锚固连接钢筋；提前浇水湿润原混凝土基层；关模板；在原混凝土黏合面上涂刷1层1:1水泥净浆，水泥净浆初凝前浇筑混凝土。

3.3 增强上部结构整体性的施工要点

3.3.1 当采用增设地圈梁或加大原有地圈梁截面时，应确保新旧部分的连接可靠，确保整体受力，其余要求见详图。

3.3.2 采用双面钢筋网水泥砂浆面层加固时，加固要求按本图集第(二)分册的相关要求实施。

	说明	图集号	川16G122-TY(一)
审核 李德超 校对 甘立刚 设计 蒋智勇		页	3

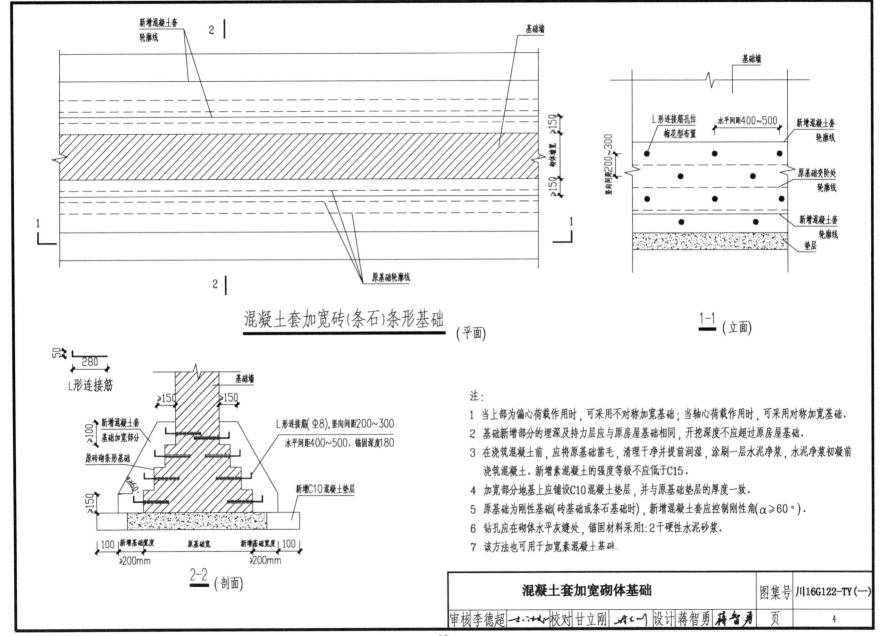

新增混凝土套轮廓线
2
基础墙

混凝土套加宽砖(条石)条形基础
(平面)

基础墙

L形连接筋孔位梅花型布置
水平间距400~500
新增混凝土套轮廓线
竖向间距200~300
原基础变阶处轮廓线
新增混凝土套轮廓线
垫层

1-1 (立面)

280
L形连接筋

新增混凝土套基础加宽部分
原砖砌条形基础
L形连接筋(Φ8),竖向间距200~300
水平间距400~500,锚固深度180
新增C10混凝土垫层

100 新增基础宽度 原基础宽 新增基础宽度 100
≥200mm ≥200mm

2-2 (剖面)

注:
1 当上部为偏心荷载作用时,可采用不对称加宽基础;当轴心荷载作用时,可采用对称加宽基础.
2 基础新增部分的埋深及持力层应与原房屋基础相同,开挖深度不应超过原房屋基础.
3 在浇筑混凝土前,应将原基础凿毛,清理干净并提前润湿,涂刷一层水泥净浆,水泥净浆初凝前浇筑混凝土.新增素混凝土的强度等级不应低于C15.
4 加宽部分地基上应铺设C10混凝土垫层,并与原基础垫层的厚度一致.
5 原基础为刚性基础(砖基或条石基础时),新增混凝土套应控制刚性角(α≥60°).
6 钻孔应在砌体水平灰缝处,锚固材料采用1:2干硬性水泥砂浆.
7 该方法也可用于加宽素混凝土基础.

混凝土套加宽砌体基础		图集号	川16G122-TY(一)
审核 李德超　　　校对 甘立刚　　　设计 蒋智勇		页	4

10

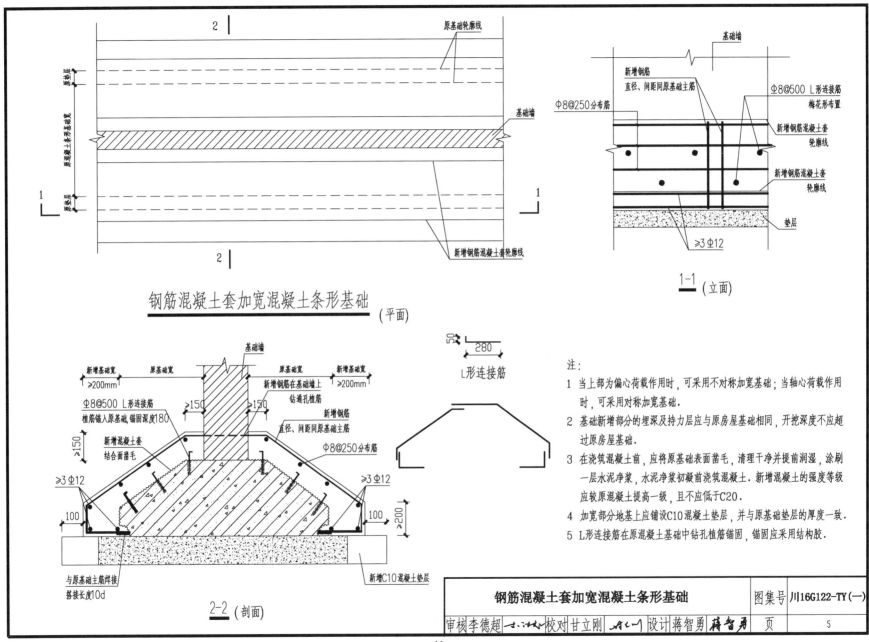

钢筋混凝土套加宽混凝土条形基础
(平面)

L形连接筋

2-2 (剖面)

注：
1 当上部为偏心荷载作用时，可采用不对称加宽基础；当轴心荷载作用时，可采用对称加宽基础。

2 基础新增部分的埋深及持力层应与原房屋基础相同，开挖深度不应超过原房屋基础。

3 在浇筑混凝土前，应将原基础表面凿毛，清理干净并提前润湿，涂刷一层水泥净浆，水泥净浆初凝前浇筑混凝土。新增混凝土的强度等级应较原混凝土提高一级，且不应低于C20。

4 加宽部分地基上应铺设C10混凝土垫层，并与原基础垫层的厚度一致。

5 L形连接筋在原混凝土基础中钻孔植筋锚固，锚固应采用结构胶。

钢筋混凝土套加宽混凝土条形基础	图集号	川16G122-TY(一)

| 审核 李德超 | 校对 甘立刚 | 设计 蒋智勇 | 页 | 5 |

11

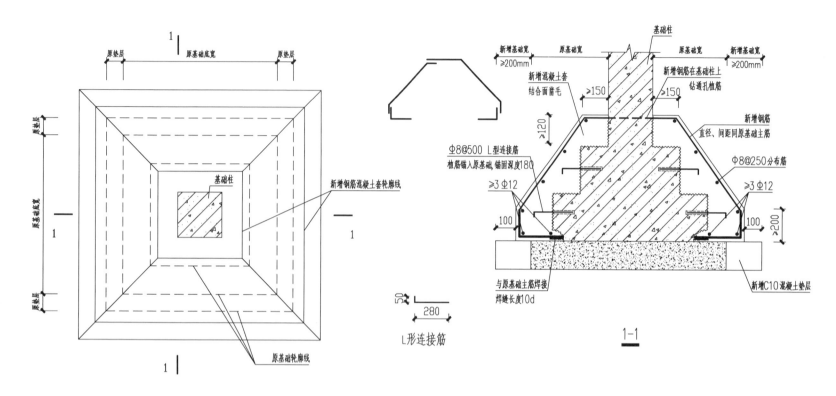

钢筋混凝土套加宽混凝土柱下独立基础

L形连接筋

1-1

注：
1 当上部为偏心荷载作用时，可采用不对称加宽基础；当轴心荷载作用时，可采用对称加宽基础。

2 基础新增部分的埋深及持力层应与原房屋基础相同，开挖深度不应超过原房屋基础。

3 在浇筑混凝土前，应将原基础凿毛，清理干净并提前润湿，涂刷一层水泥净浆，水泥净浆初凝前浇筑混凝土。新增混凝土的强度等级应较原混凝土提高一级，且不应低于C20。

4 加宽部分地基上应铺设C10混凝土垫层，并与原基础垫层的厚度一致。

5 L形连接筋在原混凝土基础中钻孔植筋锚固，锚固应采用结构胶。

钢筋混凝土套加宽混凝土柱下独立基础	图集号	川16G122-TY(一)
审核 李德超　　　校对 甘立刚　　　设计 蒋智勇	页	6

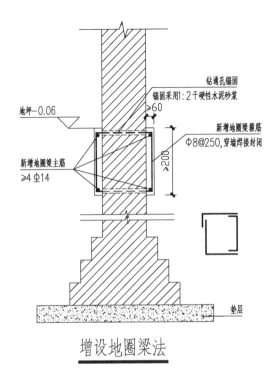

钻通孔锚固
锚固采用1:2干硬性水泥砂浆
≥60

地坪-0.06

新增地圈梁箍筋
Φ8@250,穿墙焊接封闭

新增地圈梁主筋
≥4 Φ14

≥200

垫层

增设地圈梁法

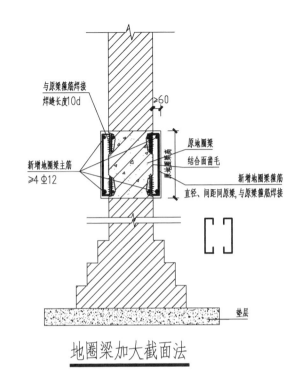

与原梁箍筋焊接
焊缝长度10d

≥60

原地圈梁
结合面凿毛

新增地圈梁主筋
≥4 Φ12

新增地圈梁箍筋
直径、间距同原梁,与原梁箍筋焊接

垫层

地圈梁加大截面法

注:

1 新增地圈梁混凝土强度等级不应低于C20.

2 增设地圈梁顶面位于地坪以下0.06m处,当室内外地坪不一致时,以位置较低处为准.

3 在浇筑混凝土前,应将原混凝土表面凿毛,清理干净并提前润湿,涂刷一层水泥净浆,
  水泥净浆初凝前浇筑混凝土.新增混凝土的强度等级应较原混凝土提高一级,且不应低
  于C20.

增设地圈梁法、地圈梁加大截面法	图集号	川16G122-TY(一)
审核 李德超 校对 甘立刚 设计 蒋智勇	页	7

四川省农村居住建筑维修加固图集

（砌体结构房屋）

批准部门：四川省住房和城乡建设厅

主编单位：四川省建筑科学研究院

参编单位：四川省建筑工程质量检测中心
　　　　　四川省建筑新技术工程公司
　　　　　西南交通大学校园规划与建设处

批准文号：川建标发〔2016〕947号

图集号：川16G122-TY（二）

实施日期：2017年2月1日

主编单位负责人：吴体

主编单位技术负责人：陈开敬

技术审定人：李永毅　滕飞建

设计负责人：陈雪莲

目　　录

	目录		图集号	川16G122-TY（二）
审核 李德超	校对 蒋智勇	设计 陈雪莲	页	1

四川省农村居住建筑维修加固图集

（砌体结构房屋）

批准部门：四川省住房和城乡建设厅

主编单位：四川省建筑科学研究院

参编单位：四川省建筑工程质量检测中心
四川省建筑新技术工程公司
西南交通大学校园规划与建设处

批准文号：川建标发〔2016〕947号

图集号：川16G122-TY（二）

实施日期：2017年2月1日

主编单位负责人：吴体

主编单位技术负责人：肖明发

技术审定人：李永石 凌飞建

设计负责人：陈雪莲

目录		图集号	川16G122-TY（二）
审核 李德超　　　　校对 蒋智勇　蒋智勇　设计 陈雪莲　陈雪莲		页	2

16

说 明

1 一般规定

1.1 本分册适用于主体竖向结构（承重结构和非承重结构）为烧结普通砖、蒸压灰砂砖、蒸压粉煤灰砖和普通小砌块等砌筑的实心墙、柱的维修加固。

1.2 因抗震设防需要而增设墙体、局部增设墙肢，以及对墙体及墙肢进行维修加固时，应使新增设的墙体在房屋平面布置对称或均匀、上下连续，避免房屋结构侧移刚度和构件刚度的突变。

1.3 屋檐外挑梁上的砌体应拆除。

1.4 材料要求

结构加固材料安全性能指标必须符合相关规范要求。

1.4.1 混凝土

基础采用C20细石混凝土，钢筋混凝土柱、梁加大截面及新增钢筋混凝土卧梁及新增的钢筋混凝土翼墙均采用C30无收缩细石混凝土。混凝土应进行试配确定配合比。

1.4.2 水泥砂浆面层及钢筋网水泥砂浆面层：面层水泥砂浆强度等级为M15。

1.4.3 墙体加固的锚筋在墙体中采用1：2干硬性水泥砂浆或其他专用锚固剂进行锚固。锚筋在墙体及混凝土构件中的锚固深度不应小于180mm。

1.4.4 钢板网规格为GWO.8×15×40，钢板网水泥砂浆面层强度等级为M10。

1.4.5 砌体裂缝修补材料可采用修补胶（注射剂）、水泥基注浆料、改性环氧类水泥基注浆料和固化物等。其安全性能指标应符合《砌体结构加固设计规范》GB 50702-2011第4.8.2条的相关要求。

1.4.6 加固用的水泥、混凝土、钢筋、钢材、螺栓等材料性能应符合本图集总说明第5.4条的相关规定。

2 加固方法

2.1 砌体结构承载力不满足要求时，可采用外加面层加固法（砂浆面层

加固法或钢筋网片水泥砂浆面层加固法）或外加扶壁柱加固法（外加砌体扶壁柱加固法或外加钢筋混凝土扶壁柱加固法）等方法进行加固。

2.2 砌体结构房屋的整体性不满足要求时，可采用下列方法进行加固：

2.2.1 当墙体在平面内不闭合时，可增设墙段或在开口处设钢筋混凝土框形成闭合。

2.2.2 当构造柱设置不满足要求时，应新增构造柱；当墙体采用双面钢筋网砂浆面层加固，且在外墙增设相互可靠拉结的配筋加强带时，可不另设构造柱。

2.2.3 当圈梁设置不符合要求时，应增设圈梁；圈梁宜采用现浇钢筋混凝土或钢筋网水泥复合砂浆砌体组合圈梁；当墙体采用双面钢筋网砂浆面层加固，且在楼板底增设钢筋砂浆带时，可不另设圈梁。

2.2.4 楼、屋盖构件支承长度不满足要求时，可增设托梁。

2.2.5 当墙体稳定性较差时，可采用增设壁柱或钢筋网水泥砂浆面层加固法进行加固。

2.3 对房屋中易倒塌的部位，可采用下列方法进行加固：

2.3.1 窗间墙宽度过小或抗震能力不满足要求时，可增设钢筋混凝土窗框或采用钢筋网砂浆面层加固。

2.3.2 支承大梁等的墙段抗震能力不满足要求时，可增设砌体柱、组合柱、钢筋混凝土柱或采用钢筋网砂浆面层加固。

2.3.3 隔墙无拉结或拉结不牢，可采用增设钢夹套加固；当隔墙过长、过高时，可采用钢筋网水泥砂浆面层加固。

2.4 现有普通粘土砖砌筑的墙厚不大于180mm的砌体房屋需要继续使用时，应采用双面钢筋网砂浆面层加固。

2.5 横墙间距超过规定值时，宜在横墙间距内增设抗震墙加固；或对原有大房间墙体采用双面钢筋网水泥砂浆面层加固。

2.6 外墙的承载力不满足要求时，可采用增设钢筋混凝土外壁柱或内、外壁柱加固。

2.7 对砌体墙的裂缝采用裂缝修补法进行加固。

说明		图集号	川16G122-TY(二)
审核 李德超　　　　校对 蒋智勇　蒋智勇　设计 陈雪莲　陈雪连		页	3

砂浆面层加固墙体说明

1 特点及适用范围

砂浆面层加固是采用一定强度等级的水泥砂浆抹于墙体表面，达到提高墙体承载力的一种加固方法。优点是施工简便，适用于承载能力相差不多的静力加固和抗震加固。

2 设计要点

面层砂浆强度等级为M15，厚度15mm~25mm。

3 施工要点

3.1 砂浆面层施工顺序为：铲除原墙面抹灰层，将灰缝剔凿至深5mm~10mm（见图一），用钢丝刷刷净残渣，吹净表面灰粉。钻孔并用水冲刷，铺设钢筋网并安设拉结筋，浇水湿润墙面，刷水泥净浆一道，抹水泥砂浆并养护。

3.2 对于烧结砖砌体的基层，应清除表面杂物、残留灰浆、舌头灰、尘土等，并应在抹灰前一天浇水湿润，水应渗入墙面内10mm~20mm。抹灰时，墙面不得有明水。其他材料基层的相关要求见《抹灰砂浆技术规》JGJ/T220-2010的相关章节。

3.3 抹水泥砂浆时，应先在墙面刷水泥净浆一道，再分遍抹压，每遍抹压厚度不应超过15mm。第一遍要求揉匀刮糙，第二至三遍再压实抹平。最后形成的砂浆不允许分层，应采取措施形成整体。

3.4 水泥砂浆面层加固墙体施工完后，应加强养护，养护期不少于14天。

3.5 水泥砂浆面层表面不再作抹灰砂浆层，直接作墙面装饰层。

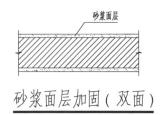

砂浆面层加固（双面）

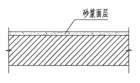

砂浆面层加固（单面）

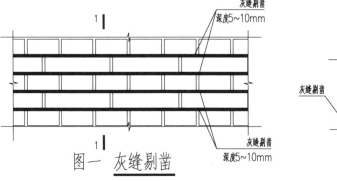

图一 灰缝剔凿

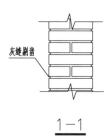

1-1

砂浆面层加固墙体说明				图集号	川16G122-TY(二)
审核 李德超	校对 蒋智勇	设计 陈雪莲		页	4

18

墙体裂缝修补说明

1 裂缝修补技术

砌体结构裂缝墙体裂缝修补：先剔除裂缝处墙体抹灰层，当裂缝宽度≤0.5mm时，直接采用局部双面钢板网砂浆面层进行修复；当裂缝宽度>0.5mm时，先采用压力灌浆法对裂缝进行处理，再采用局部双面钢板网砂浆面层进行修复；墙体修复抹灰层砂浆强度≥M10，砂浆层厚度宜为15mm~25mm。

2 加固方法

2.1 砌体裂缝修补胶（注射剂）、水泥基注浆料、改性环氧类注浆料浆液和固化物的安全性能指标见本分册第3页第1.4.5条的规定。

2.2 压力灌浆法：适用于处理裂缝宽度大于0.5mm且深度较深的裂缝。压力灌浆时借助于压缩空气，将复合水泥浆液、砂浆或化学浆液，注入砌体裂缝、欠饱满灰缝、孔洞以及疏松不实砌体，达到恢复结构整体性，提高砌体强度和耐久性的目的。

2.3 外加网片法：适用于增强砌体抗裂性能，限制裂缝开展，修复风化、剥蚀砌体。外加网片所用的材料可包括钢筋网、钢丝网、复合纤维织物网等。当采用钢筋网时，其钢筋直径不宜大于4mm。当采用无纺布替代纤维复合材料修补裂缝时，仅允许用于非承重构件的静止细裂缝的封闭性修补，尚应考虑网片的锚固长度。网片短边尺寸不宜小于500mm。

3 施工要求

3.1 界面处理：应剔除墙体表面抹灰及装饰层，并清除表面杂物、残留灰浆、舌头灰、尘土等。

3.2 注浆压力应按产品说明书进行控制。

3.3 压力灌浆施工要求：裂缝的上、下两端均应埋设注浆嘴，应从下部注浆嘴注浆。当上部注浆嘴或排气嘴有浆液流出时，应及时关闭上部注浆嘴，并维持压力1分钟~2分钟。待缝内的浆液初凝时，应立即拆除注浆嘴和排气嘴，并用浆将嘴口部位抹平、封闭。

3.4 钢板网采用水泥钉固定。水泥钉间距不宜大于200mm，直径不宜小于2mm。水泥钉在墙上的锚固深度不宜小于30mm。水泥钉宜布置在墙体的水平灰缝中。

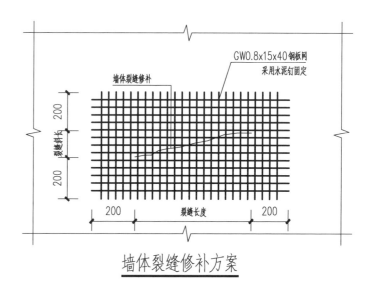

墙体裂缝修补方案

墙体裂缝修补说明	图集号	川16G122-TY(二)
审核 李德超 校对 蒋智勇 设计 陈雪莲	页	5

钢筋网片水泥砂浆面层加固墙体说明

1 特点及适用范围

钢筋网水泥砂浆面层加固法属于复合截面加固法的一种，是在墙体表面增设一定厚度的有钢筋网的水泥砂浆，形成组合墙体的加固方法。

2 设计要点

2.1 水泥砂浆强度等级为M15。

2.2 面层厚度，对室内正常环境应为35mm～45mm，对露天或潮湿环境应为45mm～50mm。

2.3 钢筋网宜采用点焊方格钢筋网，竖向受力钢筋直径≥8mm，水平分布钢筋直径≥6mm，网格尺寸≤300mm。

2.4 单面加固面层的钢筋网宜采用φ6的L形锚筋，双面加固面层的钢筋网宜采用φ6的S形或Z形穿墙拉结筋与原墙体连接。穿墙拉结筋孔径比钢筋直径大2mm，锚固孔径宜为锚筋直径的2.5倍，锚固深度为180mm。锚筋及穿墙拉结筋的间距不应大于网格尺寸的2倍，梅花形布置。

3 施工要点

3.1 钢筋网砂浆面层施工顺序为：铲除原墙面抹灰层，将灰缝剔凿至深5mm～10mm，用钢丝刷刷净残渣，吹净表面灰粉。钻孔并用水冲刷，铺设钢筋网并安设拉结筋，浇水湿润墙面，刷水泥净浆一道，抹水泥砂浆并养护。

3.2 对于烧结砖砌体的基层，应清除表面杂物、残留灰浆、舌头灰、尘土等，并应在抹灰前一天浇水湿润，水应渗入墙面内10mm～20mm，抹灰时，墙面不得有明水。对混凝土空心砌块的基层，应清除表面杂物、残留灰浆、舌头灰、尘土等，可在抹灰前浇水湿润墙面。其他材料基层的相关要求见《抹灰砂浆技术规》JGJ/T220-2010的相关章节。

3.3 在墙面钻孔时，应按设计要求先划线标出拉结筋位置，并用电钻打孔。铺设钢筋网时，竖向钢筋应靠墙面并用钢筋头支起。墙上钻孔位置可适当作调整，孔尽量布置在灰缝上，避免钻孔施工损伤墙体块材。

3.4 钢筋网四周应采用锚筋、插入短筋或拉结筋等与楼板、大梁、柱或墙体可靠连接，上端应锚固在楼层构件(圈梁或配筋的混凝土垫块)中，下端应锚固在基础内，锚固可采用植筋方式。

3.5 钢筋网的横向钢筋遇有门窗洞时，单面加固宜将钢筋弯入洞口侧面并沿周边锚固，双面加固宜将两侧的横向钢筋在洞口闭合，且尚应在钢筋网折角处设置竖向构造钢筋，在门窗角处，尚应设置附加的斜向钢筋。

3.6 布设锚筋处，墙体的钻孔直径为2.5倍锚筋直径，洞口采用1:2干硬性水泥砂浆浆锚。

3.7 抹水泥砂浆时，应先在墙面刷水泥净浆一道，再分遍抹压，每遍抹压厚度不应超过15mm。第一遍要求揉匀刮糙，第二至三遍再压实抹平。最后形成的砂浆不允许分层，应采取措施形成整体。

3.8 钢筋网水泥砂浆面层加固墙体施工完后，应加强养护，养护期不少于14天。

3.9 钢筋网水泥砂浆面层表面不再作抹灰砂浆层，直接作墙面装饰层。

3.10 墙体外加钢筋网的砂浆面层，其喷抹的外观质量不应有严重缺陷(裂缝、空鼓等)。对硬化后砂浆面层的严重缺陷应进行处理。

钢筋网片水泥砂浆面层加固墙体说明	图集号	川16G122-TY(二)
审核 李德超　　　　校对 蒋智勇　蒋智勇　设计 陈雪莲　陈雪莲	页	6

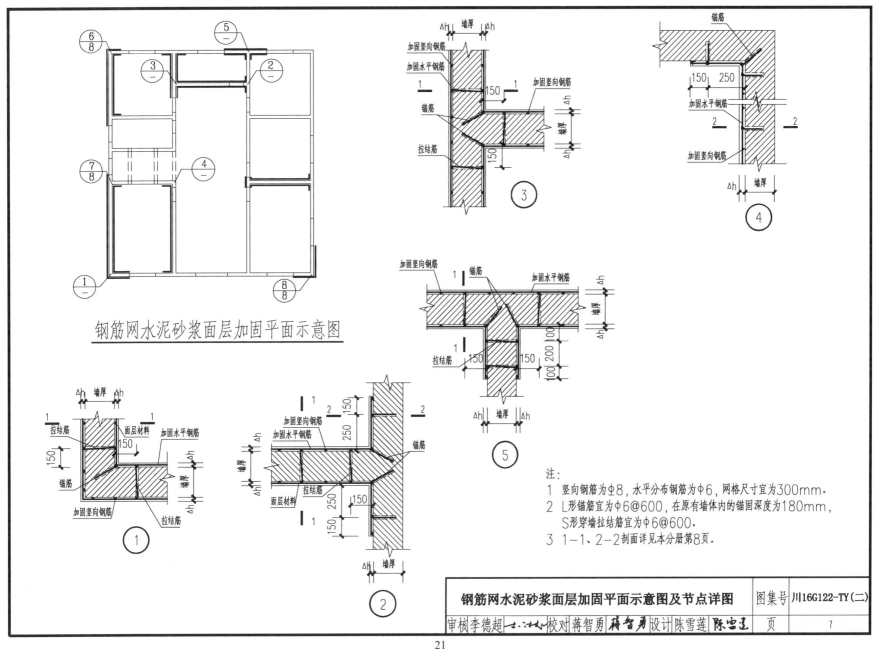

钢筋网水泥砂浆面层加固平面示意图

钢筋网水泥砂浆面层加固平面示意图及节点详图

注:
1 竖向钢筋为Φ8,水平分布钢筋为Φ6,网格尺寸宜为300mm。
2 L形锚筋宜为Φ6@600,在原有墙体内的锚固深度为180mm,
  S形穿墙拉结筋宜为Φ6@600。
3 1-1、2-2剖面详见本分册第8页。

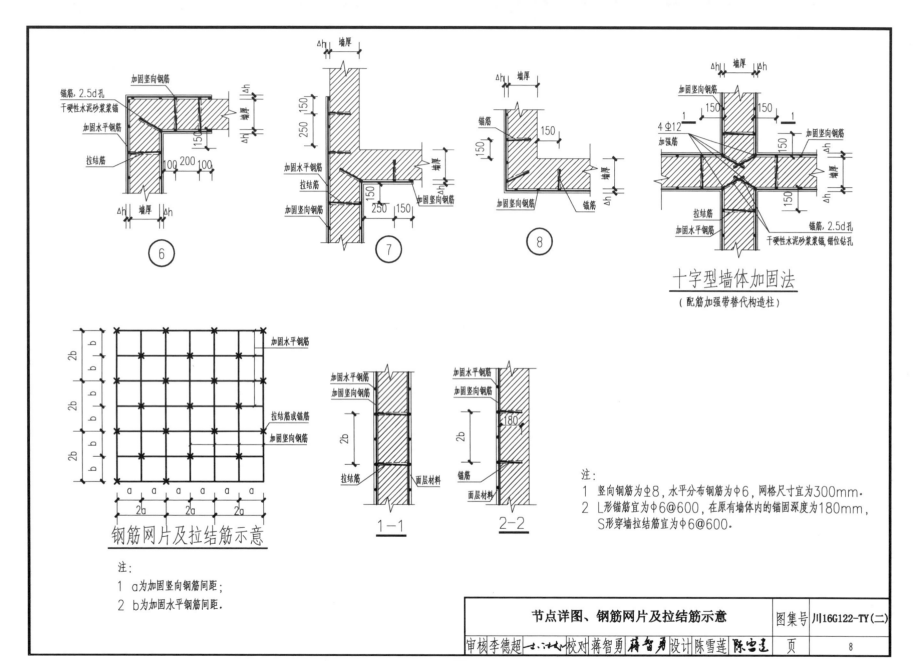

十字型墙体加固法

（配筋加强带替代构造柱）

钢筋网片及拉结筋示意

注：
1 a为加固竖向钢筋间距；
2 b为加固水平钢筋间距．

1—1

2—2

注：
1 竖向钢筋为Φ8，水平分布钢筋为Φ6，网格尺寸宜为300mm．
2 L形锚筋宜为Φ6@600，在原有墙体内的锚固深度为180mm，S形穿墙拉结筋宜为Φ6@600．

节点详图、钢筋网片及拉结筋示意	图集号	川16G122-TY(二)

审核 李德超　　　校对 蒋智勇　　　设计 陈雪莲　　　页　8

22

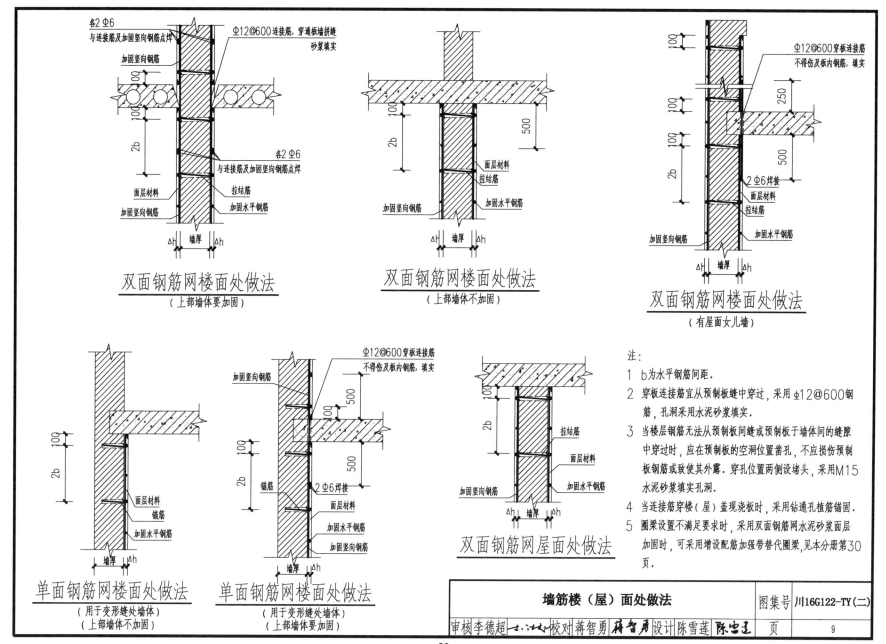

各2Φ6
与连接筋及加固竖向钢筋点焊
加固竖向钢筋
Φ12@600连接筋,穿通板墙拼缝
砂浆填实
各2Φ6
与连接筋及加固竖向钢筋点焊
面层材料
拉结筋
加固竖向钢筋
加固水平钢筋
墙厚

双面钢筋网楼面处做法
（上部墙体要加固）

面层材料
拉结筋
加固竖向钢筋
加固水平钢筋
墙厚

双面钢筋网楼面处做法
（上部墙体不加固）

Φ12@600穿板连接筋
不得伤及板内钢筋,填实
2Φ6焊接
面层材料
拉结筋
加固竖向钢筋
加固水平钢筋
墙厚

双面钢筋网楼面处做法
（有屋面女儿墙）

面层材料
锚筋
加固水平钢筋
墙厚

单面钢筋网楼面处做法
（用于变形缝处墙体）
（上部墙体不加固）

加固竖向钢筋
Φ12@600穿板连接筋
不得伤及板内钢筋,填实
锚筋
2Φ6焊接
面层材料
加固水平钢筋
加固竖向钢筋
墙厚

单面钢筋网楼面处做法
（用于变形缝处墙体）
（上部墙体要加固）

拉结筋
面层材料
加固竖向钢筋
加固水平钢筋
墙厚

双面钢筋网屋面处做法

注:
1 b为水平钢筋间距.
2 穿板连接筋宜从预制板缝中穿过,采用Φ12@600钢
   筋,孔洞采用水泥砂浆填实.
3 当楼层钢筋无法从预制板间缝或预制板于墙体间的缝隙
   中穿过时,应在预制板的空洞位置凿孔,不应损伤预制
   板钢筋或致使其外露.穿孔位置两侧设堵头,采用M15
   水泥砂浆填实孔洞.
4 当连接筋穿楼(屋)盖现浇板时,采用钻通孔植筋锚固.
5 圈梁设置不满足要求时,采用双面钢筋网水泥砂浆面层
   加固时,可采用增设配筋加强带替代圈梁,见本分册第30
   页.

墙筋楼（屋）面处做法			图集号	川16G122-TY（二）
审核 李德超	校对 蒋智勇	设计 陈雪莲	页	9

23

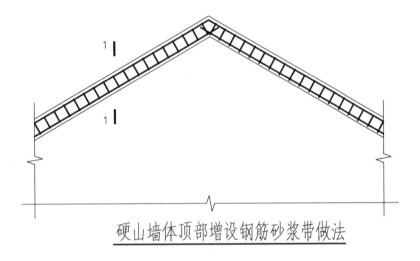

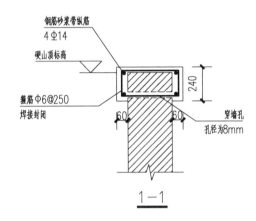

硬山墙体顶部增设钢筋砂浆带做法

1-1

注:
1 硬山墙体顶部无圈梁时可在硬山顶部增设钢筋砂浆带，
   砂浆带每侧厚度为60mm，高度为240mm。

2 砂浆带箍筋应穿墙后焊接封闭，单面焊接，焊接长度为
   10d，焊缝高度为5mm。

3 当硬山墙体采用钢筋网水泥砂浆面层加固时，应将钢筋
   网的竖向钢筋伸入硬山顶部增设的钢筋砂浆带中。

硬山墙体顶部增设钢筋砂浆带做法	图集号	川16G122-TY(二)
审核 李德超 ｜ 校对 蒋智勇 ｜ 设计 陈雪莲	页	10

24

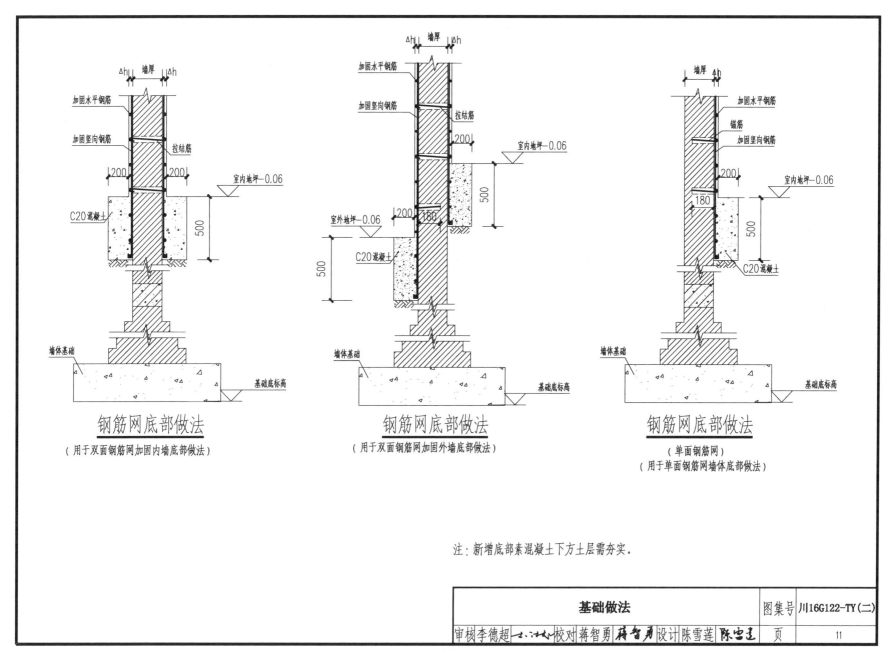

墙厚 Δh

加固水平钢筋
加固坚向钢筋
拉结筋
200   200
C20混凝土
室内地坪−0.06
500
墙体基础
基础底标高

钢筋网底部做法
(用于双面钢筋网加固内墙底部做法)

Δh 墙厚 Δh

加固水平钢筋
加固坚向钢筋
拉结筋
200
200   180
室外地坪−0.06
C20混凝土
室内地坪−0.06
500
500
墙体基础
基础底标高

钢筋网底部做法
(用于双面钢筋网加固外墙底部做法)

墙厚 Δh

加固水平钢筋
锚筋
加固坚向钢筋
200
180
室内地坪−0.06
500
C20混凝土
墙体基础
基础底标高

钢筋网底部做法
(单面钢筋网)
(用于单面钢筋网墙体底部做法)

注：新增底部素混凝土下方土层需夯实。

基础做法	图集号	川16G122-TY(二)
审核 李德超 校对 蒋智勇 设计 陈雪莲	页	11

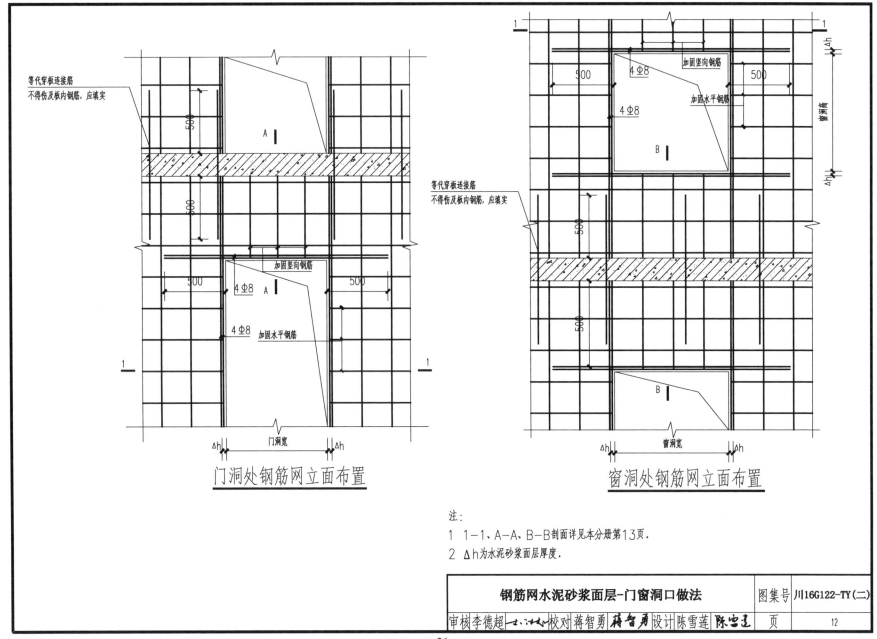

等代穿板连接筋
不得伤及板内钢筋，应填实

加固竖向钢筋

加固水平钢筋

500

500

4 Φ 8 A

4 Φ 8

加固竖向钢筋

加固水平钢筋

A

4 Φ 8 A

Δh

门洞宽

Δh

门洞处钢筋网立面布置

500

4 Φ 8

加固竖向钢筋

加固水平钢筋

500

窗高

B

B

等代穿板连接筋
不得伤及板内钢筋，应填实

500

500

Δh

窗洞宽

Δh

窗洞处钢筋网立面布置

注：
1 1-1、A-A、B-B剖面详见本分册第13页.
2 Δh为水泥砂浆面层厚度.

钢筋网水泥砂浆面层-门窗洞口做法	图集号	川16G122-TY(二)
审核 李德超　　　　校对 蒋智勇　蒋智勇　设计 陈雪莲　陈雪莲	页	12

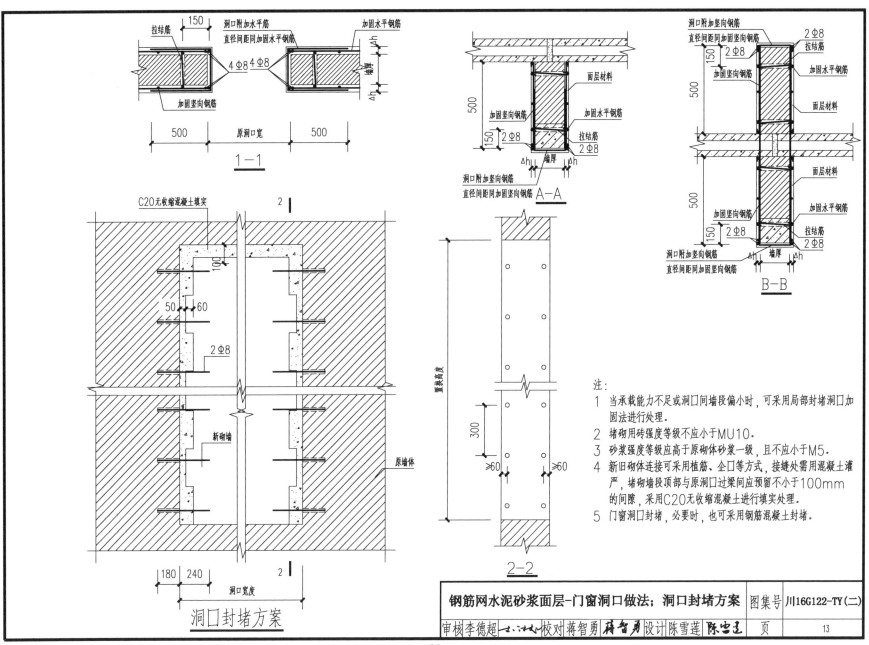

1-1

150 · 洞口附加水平筋
拉结筋 · 直径间距同加固水平钢筋 · 加固水平钢筋
4Φ8 · 4Φ8
加固竖向钢筋 · 墙厚
500 · 原洞口宽 · 500

A-A

500 · 洞口附加水平钢筋 · 直径间距同加固水平钢筋
加固竖向钢筋 · 面层材料
加固水平钢筋 · 拉结筋
2Φ8 · 墙厚
150 · 洞口附加加固竖向钢筋 · 直径间距同加固竖向钢筋

B-B

洞口附加竖向钢筋 · 2Φ8
直径间距同加固竖向钢筋 · 2Φ8
150 · 加固竖向钢筋 · 拉结筋
500 · 加固水平钢筋 · 面层材料
面层材料
500 · 加固竖向钢筋 · 加固水平钢筋 · 拉结筋
150 · 2Φ8 · 2Φ8
洞口附加加固竖向钢筋 · 墙厚
直径间距同加固竖向钢筋

洞口封堵方案

C20无收缩混凝土填实 · 2
100
50 · 60
2Φ8
新砌墙
原墙体
180 · 240
洞口宽度

2-2

墙体高度 · 300
≥60 · ≥60

注：
1 当承载能力不足或洞口间墙段偏小时，可采用局部封堵洞口加固法进行处理。
2 堵砌用砖强度等级不应小于MU10。
3 砂浆强度等级应高于原砌体砂浆一级，且不应小于M5。
4 新旧砌体连接可采用植筋、企口等方式，接缝处需用混凝土灌严，堵砌墙段顶部与原洞口过梁间应预留不小于100mm的间隙，采用C20无收缩混凝土进行填实处理。
5 门窗洞口封堵，必要时，也可采用钢筋混凝土封堵。

钢筋网水泥砂浆面层-门窗洞口做法；洞口封堵方案	图集号	川16G122-TY(二)
审核 李德超　校对 蒋智勇　设计 陈雪莲	页	13

27

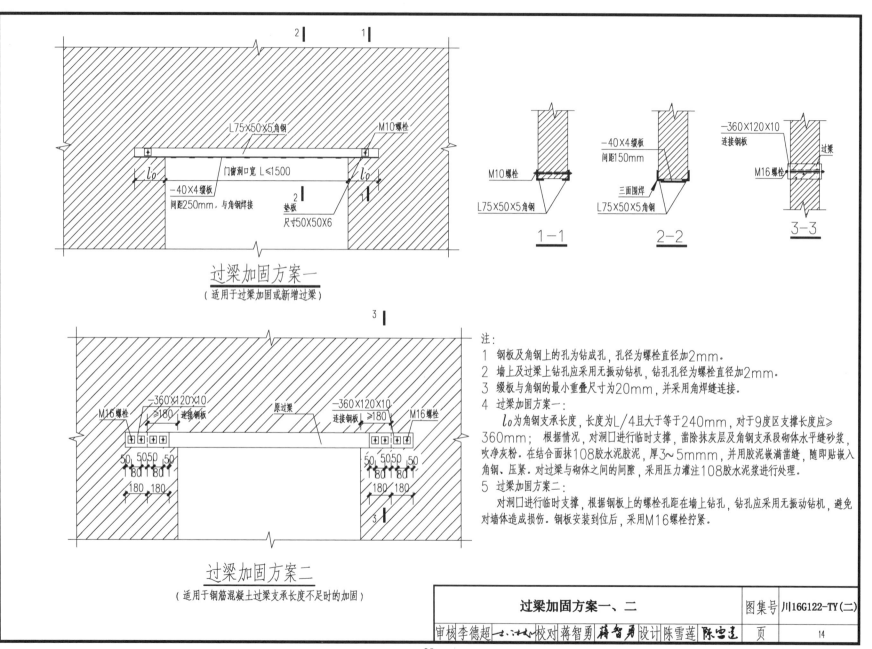

过梁加固方案一
（适用于过梁加固或新增过梁）

L75×50×5角钢
M10螺栓
门窗洞口宽 L≤1500
－40×4缀板 间距250mm，与角钢焊接
垫板 尺寸50×50×6

1—1
M10螺栓
L75×50×5角钢

2—2
－40×4缀板 间距150mm
三面围焊
L75×50×5角钢

3—3
－360×120×10 连接钢板
过梁
M16螺栓

过梁加固方案二
（适用于钢筋混凝土过梁支承长度不足时的加固）

M16螺栓
－360×120×10 连接钢板
≥180
原过梁
－360×120×10 连接钢板
≥180
M16螺栓
50 50 50 50
180 180
180 180

注：
1 钢板及角钢上的孔为钻成孔，孔径为螺栓直径加2mm。
2 墙上及过梁上钻孔应采用无振动钻机，钻孔孔径为螺栓直径加2mm。
3 缀板与角钢的最小重叠尺寸为20mm，并采用角焊缝连接。
4 过梁加固方案一：
   l_o为角钢支承长度，长度为L／4且大于等于240mm，对于9度区支撑长度应≥360mm；根据情况，对洞口进行临时支撑，凿除抹灰层及角钢支承段砌体水平缝砂浆，吹净灰粉。在结合面抹108胶水泥胶泥，厚3～5mmm，并用胶泥嵌满凿缝，随即贴嵌入角钢、压紧。对过梁与砌体之间的间隙，采用压力灌注108胶水泥浆进行处理。
5 过梁加固方案二：
   对洞口进行临时支撑，根据钢板上的螺栓孔距在墙上钻孔，钻孔应采用无振动钻机，避免对墙体造成损伤。钢板安装到位后，采用M16螺栓拧紧。

过梁加固方案一、二	图集号	川16G122-TY(二)
审核 李德超　校对 蒋智勇　设计 陈雪莲	页	14

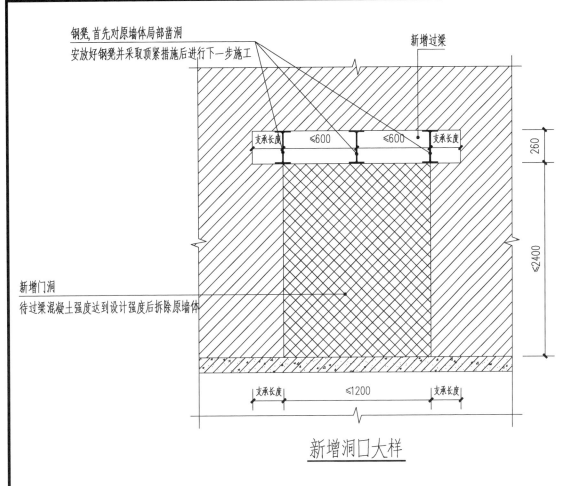

钢凳,首先对原墙体局部凿洞
安放好钢凳并采取顶紧措施后进行下一步施工

新增过梁

支承长度　≤600　≤600　支承长度

260

≤2400

新增门洞
待过梁混凝土强度达到设计强度后拆除原墙体

支承长度　≤1200　支承长度

新增洞口大样

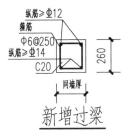

纵筋≥Φ12
箍筋
Φ6@250
纵筋≥Φ14
C20

同墙厚

260

新增过梁

HW250×250

150

钢凳

注:
1 过梁支承长度为L/4且大于等于240mm,对于9度区支撑长度应≥360mm,其中L为洞口净宽.
2 钢筋混凝土过梁截面及配筋由计算确定.
3 墙体开洞施工工序为:
　①在施工前应对拟开设门洞处墙体上部楼屋盖板采取可靠的支撑.
　②施工时,先凿除安放钢凳的小洞、安放钢凳,并将上部墙体顶紧后,再凿除新增过梁范围内的其余墙体.
　③然后布置新增过梁钢筋、支模浇筑过梁混凝土.
　④待过梁混凝土强度达到设计强度后再凿除开始门洞范围内的墙体.

新增洞口做法	图集号	川16G122-TY(二)
审核 李德超　　　校对 蒋智勇　　设计 陈雪莲	页	15

新增扶壁柱说明

1 增设砌体扶壁柱加固法

1.1 特点及适用范围

在砌体墙侧面增设砌体柱，墙体与形成整体，共同受力的加固法。该方法仅适用于抗震设防烈度为6度的地区。

1.2 设计构造

1.2.1 增设扶壁柱的截面宽度≥240mm，厚度≥120mm。

1.2.2 加固用的块材强度等级不得低于MU15，并应选用整砖砌筑；加固用的砂浆强度等级不应低于M5。

1.2.3 增设扶壁柱处，沿墙高应设置以2M12螺栓与双角钢组成的套箍，将扶壁柱与原墙拉结，套箍间距≤360mm，且应沿墙的全高和内外周边，增设水泥砂浆或细石混凝土防护层。

1.2.4 扶壁柱应设基础，其埋深应与原墙基础相同。

1.2.5 当大梁下原墙体被局部压碎或大梁下原墙体出现局部竖向或斜向裂缝时，应在砌体扶壁柱顶面增设钢筋混凝土梁垫，梁垫高度不应小于180mm。梁垫内设φ12@150的双层双向钢筋网。

1.3 施工要点

1.3.1 新增砌体扶壁柱施工顺序为：开挖基础，铲除原墙面抹灰层，用钢丝刷刷净残渣，吹净表面灰粉。钻孔并用水冲刷，安设连接筋，浇筑基础，砌筑扶壁柱，钻孔后安防套箍。

1.3.2 在墙面钻孔时，应按设计要求先划线标出拉结筋位置，并用电钻打孔，钻孔位置应布置在灰缝中。

1.3.3 应开挖至原墙体基础底面，布设水平L形连接筋，浇水湿润原砖基础，浇筑基础混凝土，应加强养护，养护期不少于14天。

2 增设钢筋混凝土扶壁柱或钢筋混凝土围套加固法

2.1 特点及适用范围

适用于支承大梁的墙段的加固。支承悬挑梁的墙体或悬挑梁不符合要求时，也可在悬挑梁根部增设钢筋混凝土扶壁柱。

2.2 设计构造

2.2.1 增设钢筋混凝土扶壁柱或钢筋混凝土围套加固时，应符合下列要求：

（1）在砖柱周围设置钢筋混凝土套遇到砖墙时，箍筋应在墙上钻通孔植筋锚固，确保箍筋能够焊接封闭。壁柱或套应设基础，基础的横截面积不得小于壁柱截面面积的1倍，并应与原基础可靠连接。

（2）壁柱或套的纵向钢筋，保护层厚度不应小于25mm，钢筋与砌体表面的净距不应小于5mm；钢筋的上端应与柱顶的垫块或圈梁连接，下端应锚固在基础内。

2.2.2 增设钢筋混凝土扶壁柱或钢筋混凝土套的混凝土宜采用细石混凝土，强度等级宜采用C20；纵筋宜采用HRB335级和HRB400的热轧带肋钢筋，箍筋宜采用HPB300级的热轧光圆钢筋。

2.2.3 钢筋混凝土壁柱或钢筋混凝土套的厚度宜≥100mm；纵向钢筋宜对称配置，最小直径不应小于14mm；箍筋的直径不应小于8mm，且应焊接封闭，其间距应≤150mm；当柱一侧的纵向钢筋多于4根时，应设置复合箍筋或拉结筋，复合箍筋或拉结筋可在水平灰缝中钻孔植筋锚固；壁柱或套的基础埋深宜与原基础相同。基础加宽的方法可采用本图集"地基基础"分册中相应的加固方法。

2.2.4 原楼（屋）盖梁高范围内的柱箍筋，可采用φ14@300的封闭箍筋。封闭箍筋在原梁上钻通孔植筋锚固。

2.2.5 当楼盖板为预制板时，应在板的空心部位凿孔，穿柱纵筋。原预制板在开孔部位两侧均应设置堵头，孔洞部位与柱混凝土一并浇筑。

增设扶壁柱说明	图集号	川16G122-TY（二）
审核 李德超 校对 蒋智勇 蒋智勇 设计 陈雪莲 陈雪莲	页	16

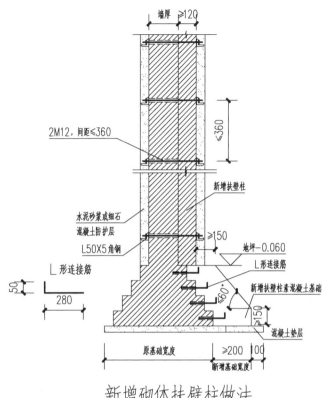

墙厚 ≥120

2M12，间距≤360

≤360

新增扶壁柱

水泥砂浆或细石
混凝土防护层

≥150

地坪-0.060

L50X5角钢

L形连接筋

L形连接筋

50

280

≥60°

新增扶壁柱素混凝土基础

150

混凝土垫层

原基础宽度

≥200 100

新增基础宽度

新增砌体扶壁柱做法

注：
1 钢筋穿墙孔径宜为螺栓直径加2mm.
2 基础中水平向间距为200～300mm，水平间距为
　400～500mm，锚连接筋应布置在水平灰缝中.
3 L形连接筋采用Φ8，竖固深度为180mm.
4 基础中L形水平连接筋应布置在水平灰缝中.
5 新增扶壁柱素混凝土基础可依据本图集第（一）分册
　的相应方法进行加固.

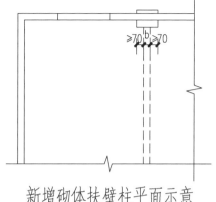

≥70 b ≥70

新增砌体扶壁柱平面示意

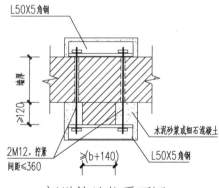

L50X5角钢

墙厚

≥120

2M12，拧紧
间距≤360

≥(b+140)

水泥砂浆或细石混凝土

L50X5角钢

新增扶壁柱平面图

新增砌体扶壁柱做法	图集号	川16G122-TY（二）
审核 李德超　校对 蒋智勇　蒋智勇　设计 陈雪莲　陈出连	页	17

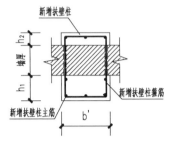

新增钢筋混凝土扶壁柱平面图（一）

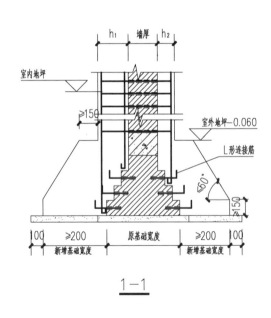

1-1

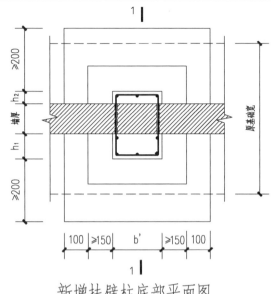

新增扶壁柱底部平面图

注：
1 图中b'为新增扶壁柱宽度≥350mm，h为新增扶壁柱室内高度≥150mm，h₂为新增扶壁柱室外高度≥100mm。
2 扶壁柱纵向钢筋在原结构混凝土梁处，从梁侧面绕过布置，若无法绕过时，弯折后与原梁底纵筋焊接。
3 基础中L形水平连接筋应布置在水平灰缝中。
4 新增钢筋混凝土扶壁柱基础可依据本图集第（一）分册的相应方法进行加固。

新增钢筋混凝土扶壁柱做法（一）	图集号	川16G122-TY（二）
审核 李德超　　校对 蒋智勇 蒋智勇　设计 陈雪莲 陈雪莲	页	18

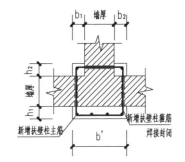

新增钢筋混凝土扶壁柱平面图（二）

注：
1 图中b_1、b_2为新增扶壁柱总宽度b'不应小于350mm，局部宽度不应小于100mm，h_1、h_2为新增扶壁柱高度不应小于100mm。
2 扶壁柱纵向钢筋在原结构混凝土梁处，从梁侧面绕过布置，若无法绕过时，弯折后与原梁底纵筋焊接。
3 基础中L形水平连接筋应布置在水平灰缝中。
4 新增钢筋混凝土扶壁柱基础可依据本图集第（一）分册的相应方法进行加固。

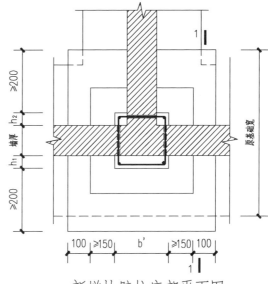

新增扶壁柱底部平面图

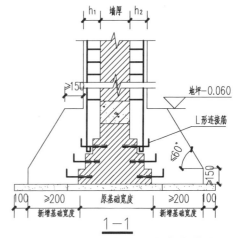

1—1

新增钢筋混凝土扶壁柱做法（二）	图集号	川16G122-TY(二)
审核 李德超　　　　校对 蒋智勇　　　设计 陈雪莲	页	19

33

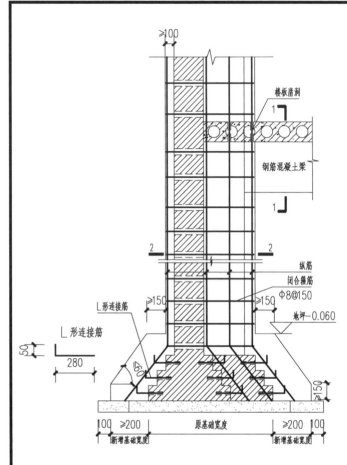

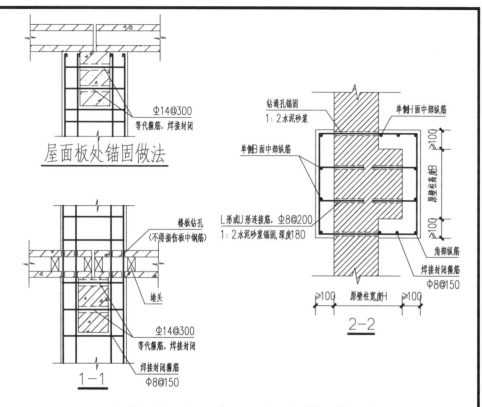

屋面板处锚固做法

Φ14@300
等代箍筋,焊接封闭

楼板凿洞
1

钢筋混凝土梁
1

纵筋
闭合箍筋
Φ8@150
L形连接筋
地坪-0.060
≥150
≥150

L形连接筋
50
280

≥100 ≥200 原基础宽度 ≥200 ≥100
新增基础宽度 新增基础宽度

钢筋混凝土围套加固壁柱

注:
1 钢筋穿墙孔径宜为钢筋直径加2mm.
2 基础中水平连接筋应布置在水平灰缝中.L形连接筋采用Φ8,竖向间距为200~300mm,水平间距为400~500mm,锚固深度为180mm.
3 新增纵筋中距不宜大于300mm.

楼板钻孔
(不得损伤板中钢筋)

堵头

Φ14@300
等代箍筋,焊接封闭

焊接封闭箍筋
Φ8@150

1-1

钻通孔锚固
1:2水泥砂浆

单侧H面中部纵筋
单侧B面中部纵筋

L形或U形连接筋,Φ8@200
1:2水泥砂浆锚固,深度180

≥100 ≥100
原壁柱高度B

角部纵筋
焊接封闭箍筋
Φ8@150

≥100 原壁柱宽度H ≥100

2-2

钢筋混凝土围套加固壁柱钢筋最小数量选用表

原壁柱宽度B	原壁柱高度H	总角部纵筋数	单侧B面中部纵筋	单侧H面中部纵筋	纵筋最小直径(mm)	连接筋
240	370	4	1	1	14	L形连接筋
370	370	4	1	1	14	L形连接筋
490	370	4	2	1	14	U形连接筋
240	490	4	1	2	14	U形连接筋
370	490	4	1	2	14	U形连接筋
490	490	4	2	2	14	U形连接筋

	图集号	川16G122-TY(二)
钢筋混凝土围套加固壁柱		
审核 李德超 校对 蒋智勇 设计 陈雪莲	页	20

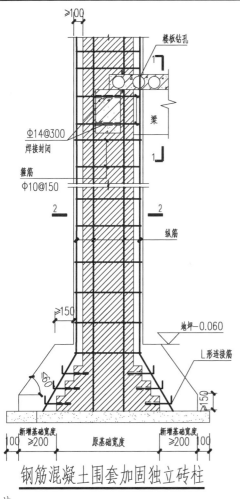

钢筋混凝土围套加固独立砖柱

注：
1 钢筋穿墙孔径宜为钢筋直径加2mm.
2 基础中水平连接筋应布置在水平灰缝中．L形连接筋采用Φ8，竖向间距为200～300mm，水平间距为400～500mm，锚固深度为180mm．
3 新增纵筋中距不宜大于300mm．
4 L形或U形连接筋在两个方向应错位钻孔，错位标高为50mm．

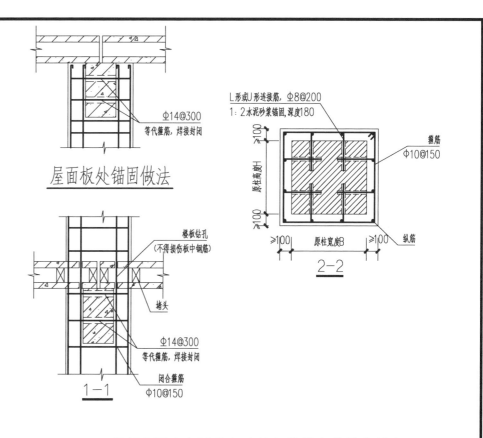

屋面板处锚固做法

混凝土围套加固独立砖柱钢筋最小数量选用表

原柱宽度B	原柱高度H	总角部纵筋数	单侧B面中部纵筋	单侧H面中部纵筋	纵筋最小直径（mm）	连接筋
370	370	4	1	1	14	L形连接筋
370	490	4	1	2	14	U形连接筋
490	490	4	2	2	14	U形连接筋

钢筋混凝土围套加固独立砖柱	图集号	川16G122-TY（二）
审核 李德超 校对 蒋智勇 设计 陈雪莲	页	21

35

新增构造柱说明

1 特点及适用范围

当无构造柱或构造柱主要设置部位不符合《四川省农村居住建筑抗震技术规程》DBJ 51/016-2013的要求时，可增设现浇钢筋混凝土外加构造柱；当墙体采用双面钢筋网砂浆面层或钢筋混凝土面层加固，且设置有可靠拉结的配筋加强带时，可不另设构造柱，也可局部采用钢筋网水泥砂浆面层加固墙体代替构造柱。

2 设计要点

2.1 新增构造柱的主要设置部位及相关规定

2.1.1 新增构造柱可参考《四川省农村居住建筑抗震技术规程》DBJ 51/016-2013第5.1.7条和第5.1.8条的相应部位设置；新增构造柱宜在平面内对称布置，应由底层设起，并应沿房屋全高贯通，不得错位；新增构造柱应与圈梁或钢拉杆连成闭合系统。

2.1.2 新增构造柱应设置基础，并应设置拉结筋或锚筋等与原墙体、原基础可靠连接；基础埋深应与原墙体基础相同。

2.2 新增构造柱的材料和构造

2.2.1 混凝土强度等级宜采用C20。

2.2.2 截面可采用240X180（mm）或300X150（mm）；外墙转角可采用边长为600mm的L形等边角柱，厚度不应小于120mm。

2.2.3 纵向钢筋不宜小于4ϕ12，转角处纵向钢筋可采用12ϕ12，并宜双排设置；箍筋可采用ϕ6，其间距宜为150~200mm，在楼（屋）盖上下各500mm范围内的箍筋间距不应大于100mm。

2.2.4 新增构造柱应与墙体可靠连接，宜沿层高方向间距1m同时设置拉结钢筋和销键与墙体连接；在室外地坪标高处和墙基础大放脚出应设置销键或锚筋与墙体基础连接。

2.3 局部双面钢筋网水泥砂浆面层加固墙体代替构造柱的设计要点：

2.3.1 加固墙体单侧长度不应小于750mm；

2.3.2 面层砂浆强度等级宜为M15；

2.3.3 其余要求见本分册第6页的相关要求。

3 施工要点

3.1 构造柱的拉结钢筋可采用2ϕ12钢筋，长度不应小于1.5m，应紧贴横墙布置；其一端应锚在构造柱内，另一端应锚入横墙的孔洞内；孔洞尺寸宜采用120X120，拉结钢筋的锚固长度不应小于其直径的15倍，并用混凝土填实。

3.2 销键截面宜采用240X180（mm），入墙深度可用180mm，销键应配置4ϕ12钢筋和3ϕ6箍筋，销键与外加柱必须同时浇筑。

新增构造柱说明	图集号	川16G122-TY（二）
审核 李德超　校对 蒋智勇　设计 陈雪莲	页	22

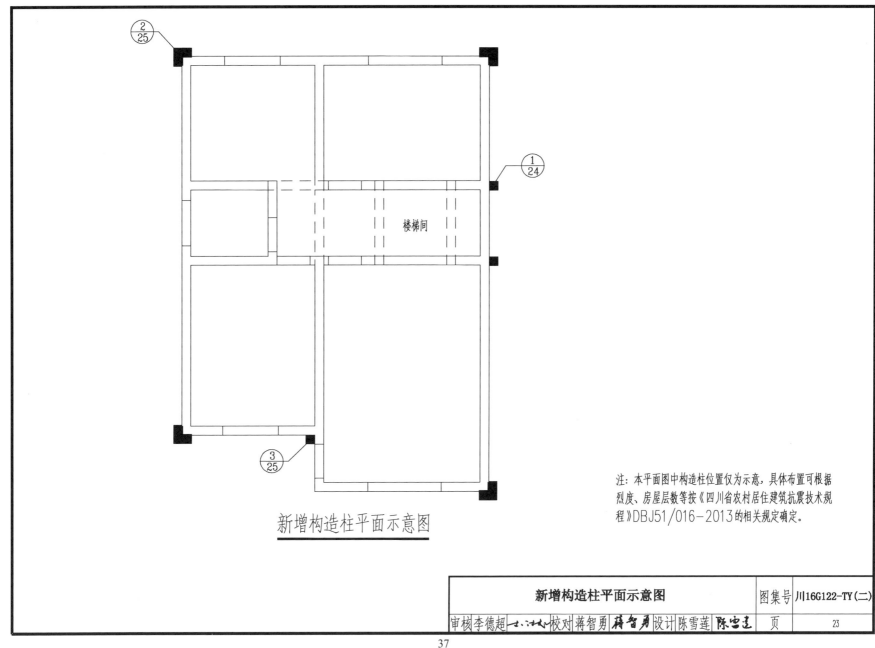

新增构造柱平面示意图

楼梯间

②/25
①/24
③/25

注: 本平面图中构造柱位置仅为示意，具体布置可根据烈度、房屋层数等按《四川省农村居住建筑抗震技术规程》DBJ51/016-2013的相关规定确定。

新增构造柱平面示意图	图集号	川16G122-TY(二)
审核 李德超 校对 蒋智勇 蒋智勇 设计 陈雪莲 陈宝连	页	23

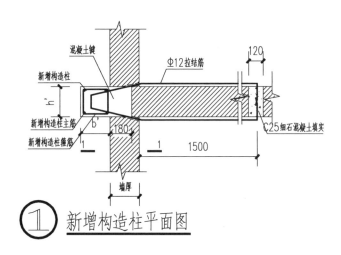

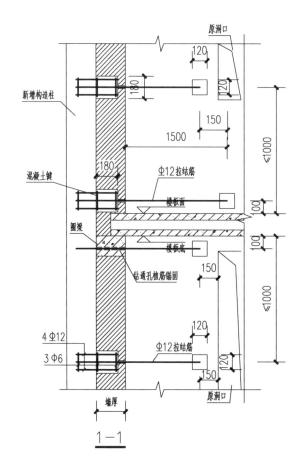

$$\underset{1}{\bigcirc} \text{新增构造柱平面图}$$

注：
1 图中b'为新增构造柱宽度≥180mm，h'为新增构造柱高度≥240mm。
2 新增构造柱箍筋在楼（屋）盖上下500mm范围内，间距应加密至100mm。
3 构造柱最外层钢筋的混凝土保护层厚度为25mm。
4 Φ12拉结筋长度为1500mm；遇洞口需截断时，拉结筋端头距洞边距离为150mm。
5 拉结筋竖向间距不大于1.0m。

1－1

新增构造柱做法	图集号	川16G122-TY(二)
审核 李德超 ... 校对 蒋智勇 蒋智勇 设计 陈雪莲 陈出连	页	24

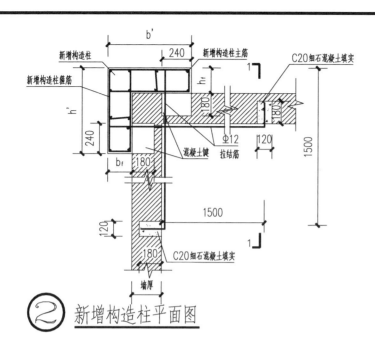

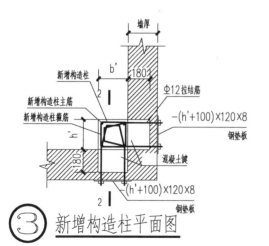

② 新增构造柱平面图

③ 新增构造柱平面图

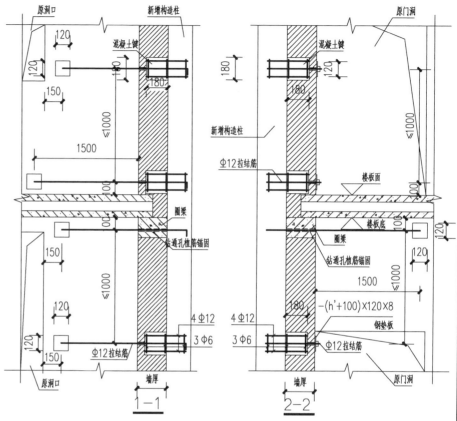

1-1

2-2

注:
1 图中b'为新增构造柱宽度≥180mm, h'为新增构造柱高度≥240mm, b和h均为外加L形角柱的的厚度≥120mm.
2 新增构造柱箍筋在楼(屋)盖上下500mm范围内, 间距应加密至100mm.
3 构造柱纵筋的混凝土保护层厚度为30mm.
4 Φ12拉结筋长度为1500mm; 遇洞口需截断时, 拉结筋端头距洞边距离为150mm.
5 新增构造柱至新增屋面女儿墙顶; 若为木屋盖时, 新增构造柱至檐口标高.
6 新增构造柱与屋面新增女儿墙间设马牙槎.

新增构造柱做法	图集号	川16G122-TY(二)
审核 李德超 ... 校对 蒋智勇 蒋智勇 设计 陈雪莲 陈雪莲	页	25

39

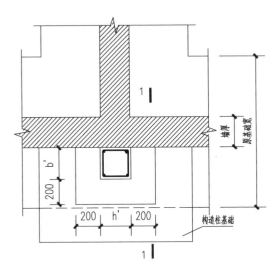

新增构造柱底部平面图(一)

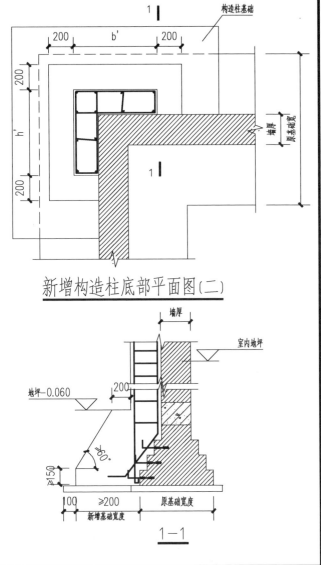

新增构造柱底部平面图(二)

1－1

注：
1 图中b'为新增构造柱宽度，h'为新增构造柱高度。
2 新增构造柱箍筋在楼(屋)盖上下500mm范围内，间距应加密至100mm。
3 构造柱最外层钢筋的混凝土保护层厚度为25mm。
4 新增构造柱位于地圈梁正上方时，构造柱底部主筋单面焊接，顶部主筋与楼盖(屋盖)圈梁单面焊接，焊接长度为150mm，双面焊接，焊缝长度为80mm，焊缝高度为6mm。
5 新增构造柱基础与原墙体基础的连接按本图集第(一)分册基础加宽的加固做法施工。

新增构造柱底部做法	图集号	川16G122-TY(二)
审核 李德超 ⼟⼆⼟七 校对 蒋智勇 蒋智勇 设计 陈雪莲 陈雪莲	页	26

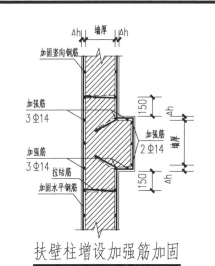

扶壁柱增设加强筋加固

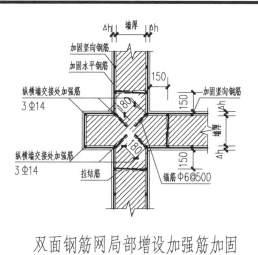

双面钢筋网局部增设加强筋加固
（纵横墙均加固）

双面钢筋网局部增设加强筋加固
（墙体端部）

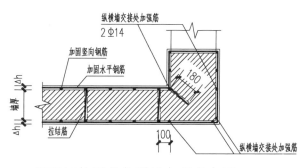

双面钢筋网局部增设加强筋加固
（T型接头）

双面钢筋网局部增设加强筋加固
（L型接头）

双面钢筋网局部增设加强筋加固
（L型接头）

钢筋网水泥砂浆面层设加强筋加固	图集号	川16G122-TY（二）
审核 李德超　校对 蒋智勇　设计 陈雪莲	页	27

新增圈梁说明

1 特点及适用范围

当无圈梁或圈梁设置不符合《四川省农村居住建筑抗震技术规程》DBJ 51/016-2013的相关要求时，或纵横墙交接处咬槎有明显缺陷，或房屋的整体性较差时，应新增圈梁进行加固。外墙圈梁宜采用现浇钢筋混凝土，内墙圈梁可用钢拉杆或在进深梁端加锚杆代替；当采用双面钢筋网砂浆面层或钢筋混凝土面层加固，且在楼屋盖处增设钢筋砂浆带时，可不另设圈梁。

2 设计要点

2.1 圈梁的布置、材料和构造

2.1.1 增设的圈梁应与墙体可靠连接；圈梁在楼（屋）盖平面内应闭合，在阳台、楼梯间等圈梁标高变换处，应有局部加强措施；变形缝两侧的圈梁应分别闭合。

2.1.2 钢筋混凝土圈梁应现浇，其混凝土强度等级不应低于C20，纵向钢筋宜采用HRB335级和HRB400级的热轧钢筋，箍筋宜采用HPB300级热轧光圆钢筋；对内墙圈梁，可采用钢拉杆代替。

2.1.3 钢筋混凝土圈梁截面高度不应小于180mm，宽度不应小于120mm；圈梁的纵向钢筋，抗震设防烈度为7、8、9度时，可分别采用4ϕ10、4ϕ12和4ϕ14；箍筋可采用ϕ6，其间距宜为200mm；新增构造柱锚固点两侧各500mm范围内，箍筋间距应加密至100mm。

2.1.4 钢筋混凝土圈梁在转角处应设2ϕ12mm的斜筋。

2.1.5 钢筋混凝土圈梁的钢筋外保护层厚度不应小于25mm，纵筋接头位置应相互错开，其搭接长度为40d（d为纵向钢筋直径）。任一搭接区段内，有搭接接头的钢筋截面面积不应大于总面积的25%；有焊接接头的纵向钢筋截面面积不应大于同一截面钢筋总面积的50%。

2.1.6 钢筋砂浆带的水泥砂浆强度等级为M15。

2.2 钢筋混凝土圈梁与墙体的连接，可采用销键或锚筋连接。销键或锚筋应符合下列要求：

2.2.1 销键的高度宜与圈梁相同，其宽度和锚入墙内的深度均不应小于180mm；销键的主筋可采用4ϕ12，箍筋可采用ϕ6；销键宜设在窗口两侧，其水平间距可为1m~2m。

2.2.2 锚筋的直径不应小于12mm，间距可为0.5m~1.0m；弯折锚入圈梁内长度不小于300mm，锚筋在另侧墙面的垫板尺寸可采用60X60X6；锚筋和垫板间应采用塞焊连接。

2.3 圈梁尚应符合下列要求：圈梁应现浇；截面高度不应小于200mm，宽度不应小于180mm。

2.4 若墙体采用双面钢筋网水泥砂浆面层进行加固，可在墙体顶部设置钢筋砂浆带代替墙体圈梁。

3 施工要点

3.1 增设圈梁处的墙面有酥碱、油污或饰面层时，应清除干净；圈梁与墙体连接的孔洞应用水冲洗干净；混凝土浇筑前，应浇水湿润墙面和木模板；锚筋应可靠锚固。

3.2 圈梁的混凝土宜连续浇筑，不应在距钢拉杆（或横墙）1m范围内留施工缝；圈梁顶面应做泛水，其底面应做滴水槽。

3.3 钢筋砂浆带施工要点：

3.3.1 钢筋砂浆带顶平楼（屋）面板底。

3.3.2 钢筋砂浆带每边突出墙面宽度宜为60mm。

3.3.3 钢筋砂浆带箍筋应穿墙后焊接封闭。

外加圈梁说明				图集号	川16G122-TY（二）
审核 李德超	校对 蒋智勇	设计 陈雪莲		页	28

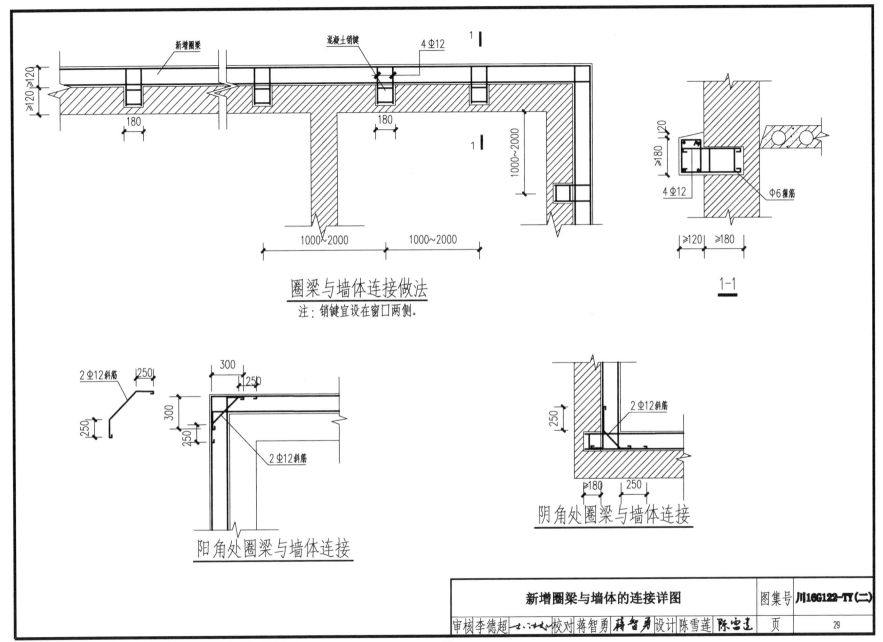

新增圈梁

混凝土销键

4 Φ12

≥120 ≥120

180

180

1000~2000

1000~2000

1000~2000

圈梁与墙体连接做法

注：销键宜设在窗口两侧。

≥180

120

4 Φ12

Φ6箍筋

≥120 ≥180

1-1

2 Φ12斜筋

250

250

300

250

300

250

2 Φ12斜筋

阳角处圈梁与墙体连接

250

2 Φ12斜筋

≥180

250

阴角处圈梁与墙体连接

新增圈梁与墙体的连接详图	图集号	川16G122-TY(二)
审核 李德超 校对 蒋智勇 蒋智勇 设计 陈雪莲 陈雪莲	页	29

43

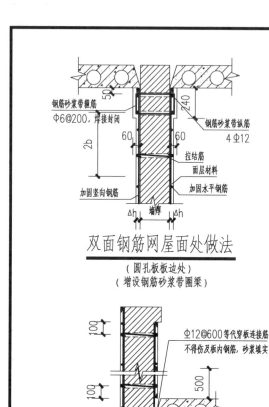

钢筋砂浆带箍筋
Φ6@200, 焊接封闭

钢筋砂浆带纵筋
4Φ12

拉结筋
面层材料

加固竖向钢筋

加固水平钢筋

双面钢筋网屋面处做法

（圆孔板板边处）
（增设钢筋砂浆带圈梁）

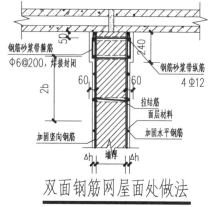

钢筋砂浆带箍筋
Φ6@200, 焊接封闭

钢筋砂浆带纵筋
4Φ12

拉结筋
面层材料

加固竖向钢筋

加固水平钢筋

双面钢筋网屋面处做法

（圆孔板板端处）
（增设钢筋砂浆带圈梁）

钢筋砂浆带纵筋
与搭接钢筋焊接

搭接钢筋
规格同钢筋砂浆带纵筋

钻透孔植筋锚固

钢筋网砂浆圈梁遇钢筋混凝土梁做法

Φ12@600等代穿板连接筋
不得伤及板内钢筋，砂浆填实

钢筋砂浆带箍筋
Φ6@200, 焊接封闭

钢筋砂浆带纵筋
4Φ12

拉结筋
面层材料

加固竖向钢筋

加固水平钢筋

砂浆带圈梁屋面处做法

（圆孔板板边处）
（有屋面女儿墙）
（增设钢筋砂浆带圈梁）

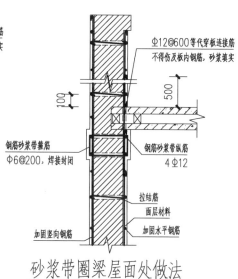

Φ12@600等代穿板连接筋
不得伤及板内钢筋，砂浆填实

钢筋砂浆带箍筋
Φ6@200, 焊接封闭

钢筋砂浆带纵筋
4Φ12

拉结筋
面层材料

加固竖向钢筋

加固水平钢筋

砂浆带圈梁屋面处做法

（圆孔板板端处）
（有屋面女儿墙）
（增设钢筋砂浆带圈梁）

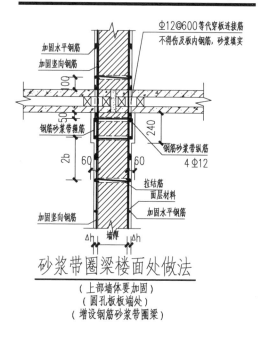

Φ12@600等代穿板连接筋
不得伤及板内钢筋，砂浆填实

加固水平钢筋
加固竖向钢筋

钢筋砂浆带箍筋

钢筋砂浆带纵筋
4Φ12

拉结筋
面层材料

加固竖向钢筋

加固水平钢筋

砂浆带圈梁楼面处做法

（上部墙体要加固）
（圆孔板板端处）
（增设钢筋砂浆带圈梁）

钢筋砂浆带圈梁做法		图集号	川16G122-TY（二）
审核 李德超	校对 蒋智勇	设计 陈雪莲	页 30

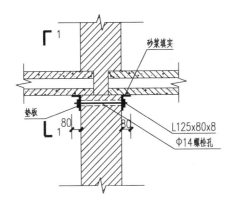

板支承长度不够时的加固方法（一）
（垫板50X50X5）

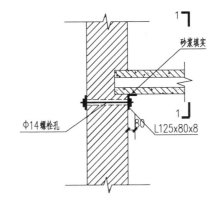

板支承长度不够时的加固方法（二）
（垫板50X50X5）

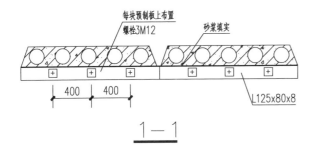

1－1

注：
1 应将板底墙体面层清理干净、并采取措施使墙面平整，使角钢与墙面能紧密结合；角钢水平肢与预制板底应采用砂浆填实。
2 角钢及垫板上的螺栓孔采用预成孔，孔径为14mm。
3 外露角钢及垫板、螺栓表面应采用防锈漆防护。
4 在墙体上钻孔时应采用无振动钻孔，不得损坏墙体块材。

楼（屋）盖板支撑长度不够时的加固	图集号	川16G122-TY(二)
审核 李德超 土 校对 蒋智勇 蒋智勇 设计 陈雪莲 陈雪莲	页	31

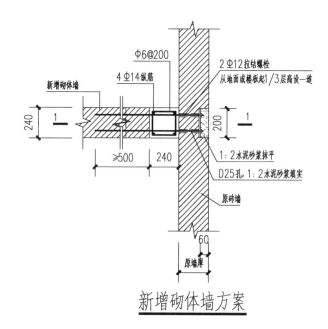

Φ6@200
4Φ14纵筋
新增砌体墙
2Φ12拉结螺栓
从地面或楼板起1/3层高设一道
240
1
200
1
≥500
240
1：2水泥砂浆抹平
D25孔，1：2水泥砂浆填实
原砖墙
60
原墙厚

新增砌体墙方案

注：
1 本图适用于横墙间距超过规定值时，在横墙间距内增设抗震墙的加固方法。
2 新增砌体墙端部应设置构造柱，连接处应设置马牙槎。
3 新增砌体墙的基础可采用素混凝土刚性基础，基础尺寸应根据计算结果确定。基础的持力层不超过与原墙体基础持力层。
4 混凝土键的竖向间距不大于1.0m。

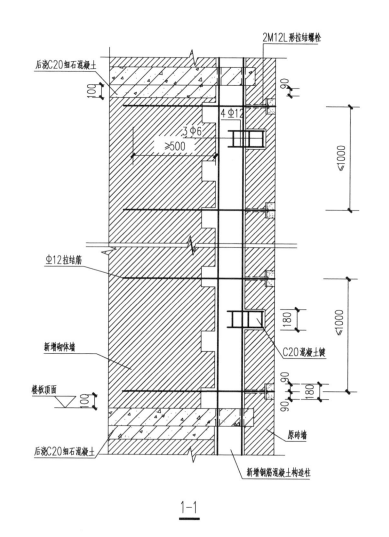

2M12L形拉结螺栓
后浇C20细石混凝土
100
90
4Φ12
3Φ6
≥500
≤1000
Φ12拉结筋
新增砌体墙
180
C20混凝土键
≤1000
楼板顶面
100
90
180
90
原砖墙
后浇C20细石混凝土
新增钢筋混凝土构造柱

1-1

新增砌体墙与原墙的连接	图集号	川16G122-TY(二)
审核 李德超 校对 蒋智勇 蒋智勇 设计 陈雪莲 陈出连	页	32

46

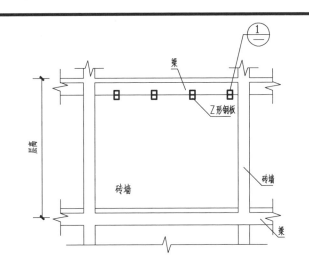

隔墙与梁连接处做法

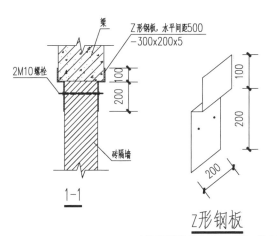

① 局部立面

1-1

Z形钢板
（适用于隔墙墙长大于5m或8、9度区）

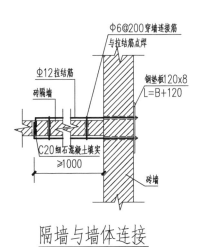

隔墙与墙体连接

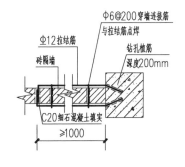

隔墙与柱连接

注：
1 本图适用于后砌隔墙与原结构无可靠连接时的加固做法；当后砌隔墙长度大于5.1m或高度大于3m时或位于8度、9度区的隔墙，均应与梁板有可靠连接。
2 后砌隔墙顶部采用Z形钢板与原梁连接。
3 后砌隔墙端部与墙体或柱采用拉结筋连接。
4 当隔墙过长、过高时，墙体端部可采用钢筋网片水泥砂浆面层进行局部加固，具体做法参见本分册钢筋网片水泥砂浆面层加固墙体的做法。

隔墙与梁、墙的连接	图集号	川16G122-TY(二)
审核 李德超 校对 蒋智勇 设计 陈雪莲	页	33

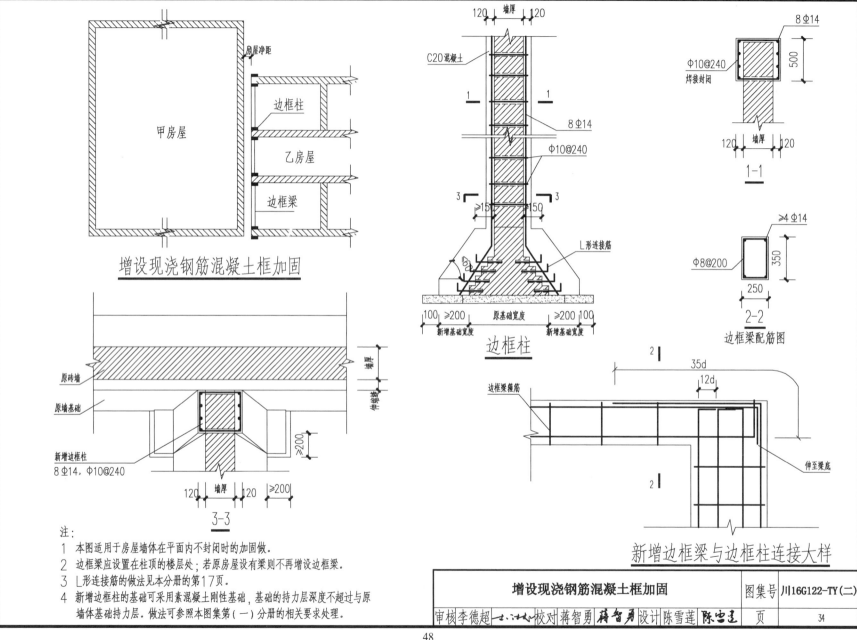

增设现浇钢筋混凝土框加固

边框柱

新增边框梁与边框柱连接大样

注：
1 本图适用于房屋墙体在平面内不封闭时的加固做。
2 边框梁应设置在柱顶的楼层处；若原房屋设有梁则不再增设边框梁。
3 L形连接筋的做法见本分册的第17页。
4 新增边框柱的基础可采用素混凝土刚性基础，基础的持力层深度不超过与原墙体基础持力层。做法可参照本图集第（一）分册的相关要求处理。

增设现浇钢筋混凝土框加固	图集号	川16G122-TY(二)
审核 李德超　　　　校对 蒋智勇　　　设计 陈雪莲	页	34

48

四川省农村居住建筑维修加固图集

（石砌体结构房屋）

批准部门：四川省住房和城乡建设厅　　　　批准文号：川建标发〔2016〕947号

主编单位：四川省建筑科学研究院

参编单位：四川省建筑工程质量检测中心　　　图集号：川16G122-TY（三）
　　　　　四川省建筑新技术工程公司
　　　　　西南交通大学校园规划与建设处　　实施日期：2017年2月1日

主编单位负责人：天纬

主编单位技术负责人：

技　术　审　定　人：李永石　谯飞建

设　计　负　责　人：

目　录

	目录	图集号	川16G122-TY（三）
审核 李德超　　校对 陈雪莲　　设计 甘立刚		页	1

说 明

1 一般规定

1.1 本分册适用于采用砂浆砌筑的料石砌体和毛料石砌体承重的单层或两层农村居住房屋。

1.2 石砌体结构房屋的加固可采取加固墙体、加强墙体连接、减轻屋盖重量等措施。

1.3 石砌体结构加固设计计算应符合现行国家标准《砌体结构设计规范》GB 50003-2011及《砌体结构加固设计规范》GB 50702-2011的有关规定。

1.4 石砌体结构房屋的木梁、木屋架等木构件的加固应分别按本图集第（四）分册和第（六）分册的相关要求进行加固。

1.5 石砌体结构房屋的钢筋混凝土构件的加固应按本图集第（五）分册的相关要求进行加固。

1.6 材料要求

1.6.1 混凝土

新增钢筋混凝土构造柱（或扶壁柱）、新增钢筋混凝土圈梁、局部置换等采用的混凝土强度等级不应低于C20，且在施工前应进行试配，经检验性能符合设计或方案要求后方可使用。

1.6.2 钢材

纵向受力钢筋宜选用HRB335级和HRB400级的热轧钢筋，箍筋宜选用不低于HPB300级热轧钢筋。承重构件中不得使用废旧钢筋，不应采用人工砸直的方式对钢筋加工处理。

1.6.3 水泥

结构加固维修用的水泥，应采用强度等级不低于32.5级的硅酸盐水泥和普通硅酸盐水泥，也可采用强度等级不低于42.5级矿渣硅酸盐水泥或火山灰质硅酸盐水泥。必要时，可以采用快硬硅酸盐水泥或复合硅酸盐水泥。严禁使用过期或质量不合格的水泥，以及混用不同品种的水泥。

1.6.4 水泥砂浆

钢筋网水泥砂浆面层加固墙体面层砂浆强度等级不宜低于M15；新增墙体砌筑砂浆强度等级不宜低于M5；墙体裂缝灌浆液应符合本图集第（二）分册的相关要求。

1.6.5 料石和毛料石

料石和毛料石的强度等级不宜低于MU20。料石加工面的平整度应符合表1.6.5的要求。

表1.6.5 料石加工面的平整度（mm）

料石种类	外露面及相接周边的表面凹入深度	上、下叠砌面及左右接砌面表面凹入深度	尺寸允许偏差	
			宽度、高度	长度
细料石	≤2	≤10	±3	±5
半细料石	≤10	≤15	±3	±5
粗料石	≤20	≤20	±5	±7
毛料石	稍加修整	≤25	±10	±15

2 加固方法

2.1 石砌体承重墙体承载力不满足要求时，可采用钢筋网水泥砂浆面层加固法进行加固处理。

2.2 对石砌体房屋裂缝宽度不大于5mm的墙体，先对裂缝进行修复处理，然后可参照本图集第（二）分册钢筋网片水泥砂浆面层进行加固处理；墙体裂缝宽度较大（缝宽多数在5mm以上）并有错动或外闪时可采用局部置换加固法进行加固处理。

2.3 房屋的整体性连接不满足要求时，可采用增设构造柱（或扶壁柱）、增设水平圈梁等加固方法。

2.4 横墙间距不满足时，可采用增砌横墙进行加固处理，增砌的横墙应与纵墙、以及楼（屋）盖构件可靠连接，增砌的横墙应设基础。

2.5 对墙体大洞口可采用增设钢筋混凝土框对洞口进行加固处理。

2.6 墙体平面内不闭合时，可采用增砌墙体或增设钢筋混凝土框进行加固处理。

2.7 石砌体增设构造柱时，可按《四川省农村居住建筑抗震技术规程》DBJ 51/016-2013的相应要求确定增设构造柱的部位和数量。构造柱的截面形式，可按原有结构的墙体形状和部位，分别选用"单边形"、"邻边形"或"对边形"。

2.8 石砌体增设水平圈梁时，应增设钢筋混凝土圈梁，且应设在楼（屋）面标高之下，且应每层增设。

	图集号	川16G122-TY（三）
说明	页	2

审核 李德超　校对 陈雪莲　设计 甘立刚

3 施工要求

3.1 墙体裂缝修复施工应符合下列要求：

3.1.1 沿着灰缝方向，钻孔间距不大于600mm，孔径6mm。

3.1.2 选择合适的灌浆设备，配制好水泥砂浆浆体，然后通过灌浆设备以0.2MPa~0.25MPa的压力将浆体灌入到石砌体的灰缝中，直至满足砂浆饱满度大于80%为止。在灌浆完成后应进行堵孔，堵孔材料可选用干硬性水泥砂浆。

3.1.3 压力灌浆的施工顺序应沿墙体自下而上，从左到右或从右到左直至灌毕。灌浆修补裂缝的施工尚应满足本图集第（二）分册的相关要求。

3.2 钢筋网水泥砂浆面层加固法施工应符合下列要求：

3.2.1 绑扎钢筋网片可采用正向方格网布筋和斜向方格网布筋，施工前清理原墙面到干净为止，用清水润湿墙面，抹上水泥砂浆并养护。

3.2.2 钢筋网四周应与楼板或梁、柱或墙体连接，可采用锚筋、拉结筋等连接方法。

3.2.3 当钢筋网的横向钢筋遇有门窗洞口时，单面加固宜将钢筋弯入窗洞侧边锚固，双面加固宜将两侧横向钢筋在洞口闭合。

3.2.4 墙面钻孔时应按方案划线标出锚筋或穿墙筋的位置并钻孔，穿墙孔直径应比S形穿墙筋大2mm；锚筋孔直径宜为锚筋直径的2.5倍，孔深宜为180mm，先用水泥砂浆填实孔洞，随即打入锚筋；钻孔时，应采用无振动钻机，避免对墙体造成损伤。

3.2.5 钢筋网水泥砂浆面层其他要求应满足本图集第（二）分册的相关规定。

3.3 料石墙体的砌筑施工应符合以下要求：

3.3.1 料石墙厚度不宜小于240mm，宜采用无垫片砌筑。当采用有垫片料石砌体砌筑时，应先满铺砂浆，并在其四角安置主垫，砂浆应高出主垫10mm，待上皮料石安装调平后，再沿灰缝两侧均匀塞入副垫。主垫不得用双垫，副垫不得用锤击入。

3.3.2 料石上下皮应错缝搭砌，错缝长度不应小于料石长度的1/3，且不应小于150mm；墙内不得出现竖向通缝或直槎。

3.3.3 砌筑灰缝厚度不宜小于10mm，不宜大于15mm。竖缝应在料石安装调平后，用同样强度等级的砂浆灌注密实，竖缝不得透空。

3.3.4 每日砌筑高度不宜大于1.2m。

3.3.5 已砌好的石块不应移位、顶高；当必须移动时，应将石块移开，将已铺砂浆清理干净，重新铺浆。

3.3.6 石砌墙体在转角和内外墙交接处应同时砌筑，严禁砌成直槎。对不能同时砌筑而又必须留置的临时间断处，应砌成斜槎，斜槎的水平长度不应小于高度的2/3。

3.4 墙体增设构造柱施工应符合下列要求：

3.4.1 增设构造柱应与被加固部位的墙面紧贴。

3.4.2 增设构造柱应与原石墙有水平穿墙筋的连结。

3.4.3 增设构造柱应沿着建筑物高度上下贯通。

3.4.4 增设构造柱应与每层增设的水平圈梁连成一体。

3.4.5 新增箍筋应焊接封闭，焊缝长度：双面焊时不小于5d，单面焊时不小于10d。

3.4.6 模板及模板支撑应可靠，模板的接缝不应漏浆。在浇筑混凝土前，模板内的杂物应清理干净；木模板应浇水湿润，但模板内不应有积水。

3.4.7 应在浇筑完毕后的12小时以内对混凝土加以覆盖并保湿养护，养护时间不得少于7天。养护用水应与拌制用水相同。

3.5 当需增设扶壁柱时，可参照增设构造柱的作法进行施工。

3.6 石砌体局部置换加固施工应符合下列要求：

3.6.1 局部拆除石结构墙体前，应先做好拆砌范围内上部结构的支托，设置牢靠的支撑。

3.6.2 局部拆除石结构墙体时，应轻敲细打，不得对保留的墙体造成损伤，原需保留的墙体应留出齿形结合面。

3.6.3 局部拆除石结构墙体时，应留出齿形结合面。

说明	图集号	川16G122-TY（三）
审核 李德超　校对 陈雪莲　设计 甘立刚	页	3

3.6.4 模板及模板支撑，以及混凝土养护的相关要求详见本分册第3.4.6条和第3.4.7条。

3.6.5 混凝土强度达到设计强度后方能拆除支撑。

3.7 增设钢筋混凝土框加固大洞口施工应符合下列要求：

3.7.1 U形连接筋在原墙体中钻孔锚固采用1：2干硬性水泥砂浆浆锚，锚固深度应不小于180mm，钻孔直径为2.5d（d为钢筋直径），钻孔边距不小于50mm。

3.7.2 钢筋混凝土框主筋采用搭接互锚，搭接长度详大样。

3.7.3 模板及模板支撑，以及混凝土养护的相关要求详见本分册第3.4.6条和第3.4.7条。

3.8 石砌体增设钢筋混凝土圈梁施工应符合下列要求：

3.8.1 新增箍筋应焊接封闭，焊缝长度：双面焊时不小于5d，单面焊时不小于10d。

3.8.2 新增箍筋在原墙体中钻通孔锚固，钻孔直径为d+2mm（d为钢筋直径）。

3.8.3 模板及模板支撑，以及混凝土养护的相关要求详见本分册第3.4.6条和第3.4.7条。

3.8.4 圈梁内纵筋应放置在构造柱或扶壁柱的竖向钢筋之内；

3.8.5 圈梁应以扶壁柱为支承点，紧贴原石墙。原结构已有圈梁的，则可把新加圈梁的纵筋与原有圈梁内的纵筋焊接连接。

3.9 增设钢筋混凝土框加固不闭合的墙体可参照本图集第（二）分册相关要求。

说明	图集号	川16G122-TY（三）
审核 李德超 校对 陈雪莲 设计 甘立刚	页	4

52

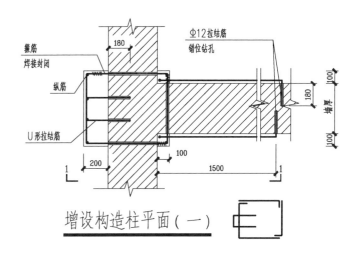

增设构造柱平面（一）

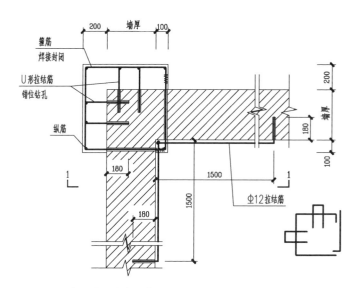

增设构造柱平面（二）

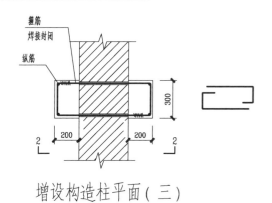

增设构造柱平面（三）

注：
1 1-1剖面、2-2剖面详本分册第6页．

2 增设构造柱纵向钢筋宜对称配置，最小直径不应小于14mm，间距不宜大于200mm．

3 增设构造柱箍筋的直径不应小于10mm，间距不应大于250mm，且应焊接封闭，在距柱顶和柱脚的500mm范围内，其间距应适当加密，宜为150mm．

4 当柱一侧的纵向钢筋多于4根时，应设置直径不应小于6mm、间距不应大于500mm的拉结筋，拉结筋可在水平灰缝中钻孔植筋锚固，锚固材料可采用1：2干硬性水泥砂浆，钻孔直径为2.5d（d为钢筋直径）．

增设构造柱平面	图集号	川16G122-TY（三）
审核 李德超　校对 陈雪莲　设计 甘立刚	页	5

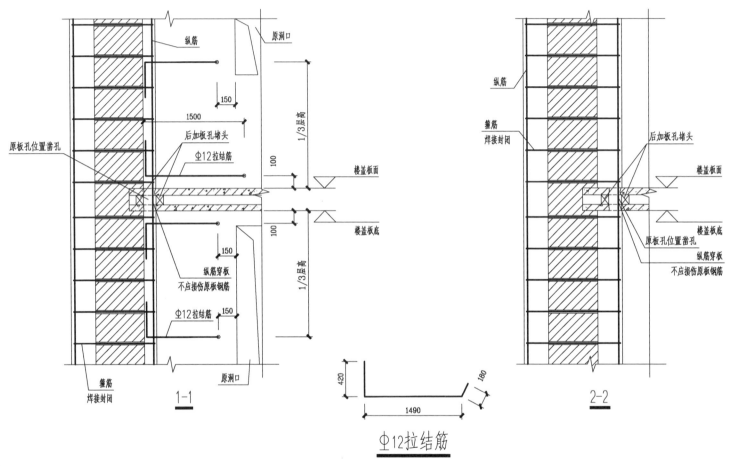

$\Phi12$拉结筋

注:
1 纵筋穿板时，应从预制板的板拼缝处或圆孔中穿过，不应损伤原板及露筋.
2 预制板孔位部位的穿筋孔可适当扩大，兼做混凝土浇筑孔，该部位在板孔位置
  设置堵头，该孔应采用加固的混凝土恢复、填实.

增设构造柱大样	图集号	川16G122-TY(三)
审核 李德超 校对 陈雪莲 设计 甘立刚	页	6

54

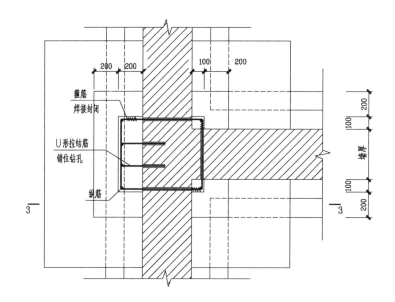

增设构造柱底部平面图（一）

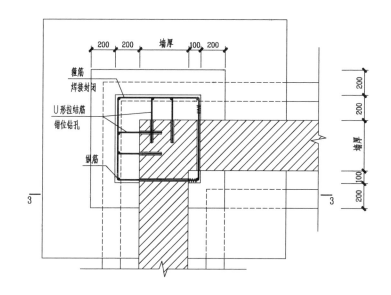

增设构造柱底部平面图（二）

注：
1 3-3剖面详本分册第8页.
2 增设构造柱纵向钢筋、箍筋的设置和箍筋简图详本分册第5页.
3 新增垫层混凝土强度等级为C10.
4 增设构造柱基础的混凝土强度可比增设构造柱的混凝土强度低一个等级，但不应低于C20.

增设构造柱底部平面图（一）、（二）	图集号	川16G122-TY（三）
审核 李德超　　校对 陈雪莲　　设计 甘立刚	页	7

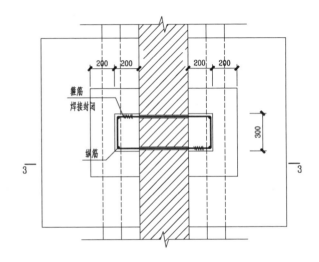

増设构造柱底部平面图（三）

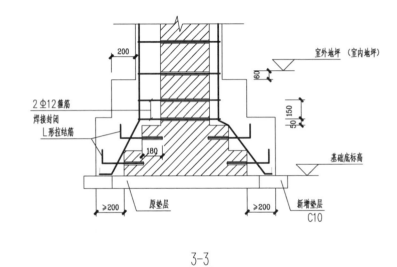

3-3

注：

1 增设构造柱纵向钢筋、箍筋的设置和箍筋简图详本分册第5页．

2 新增垫层混凝土强度等级为C10．

3 增设构造柱基础的混凝土强度可比增设构造柱的混凝土强度低一个等级，但不应低于C20．

4 构造柱基础加固可按本图集第（一）分册的相关要求实施．

增设构造柱底部平面图（三）	图集号	川16G122-TY（三）
审核 李德超　　　校对 陈雪莲　　　设计 甘立刚	页	8

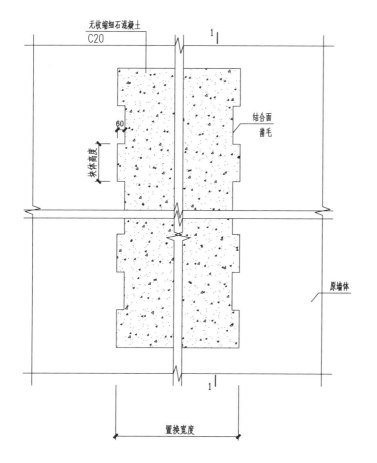

无收缩细石混凝土
C20

1

60

块体高度

置换宽度

结合面
凿毛

原墙体

1

石砌体局部置换加固大样

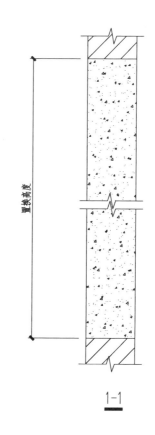

置换高度

1-1

注：
1 先对墙体置换范围内的上部荷重进行可靠支撑。
2 原墙体拆除时应留出齿形结合面。

墙体局部置换加固大样	图集号	川16G122-TY(三)
审核 李德超　　校对 陈雪莲　　设计 甘立刚	页	9

57

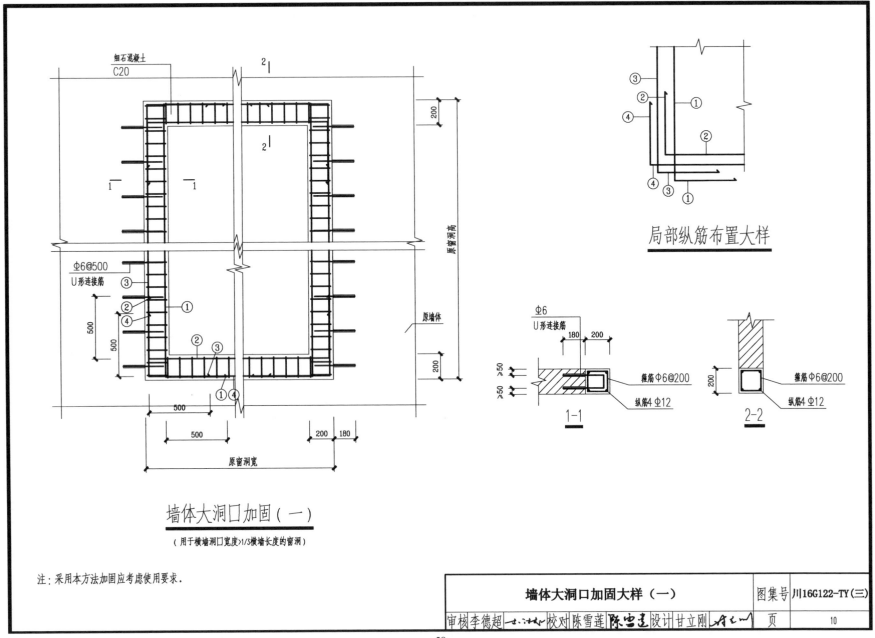

细石混凝土 C20

2

2

Φ6@500 U形连接筋

局部纵筋布置大样

Φ6 U形连接筋

箍筋Φ6@200

纵筋4Φ12

1-1

箍筋Φ6@200

纵筋4Φ12

2-2

500

500

500

200 180

原窗洞宽

200

200

原窗洞高

原墙体

墙体大洞口加固（一）

（用于横墙洞口宽度>1/3横墙长度的窗洞）

注：采用本方法加固应考虑使用要求.

墙体大洞口加固大样（一）

图集号 川16G122-TY（三）

审核 李德超 校对 陈雪莲 设计 甘立刚 页 10

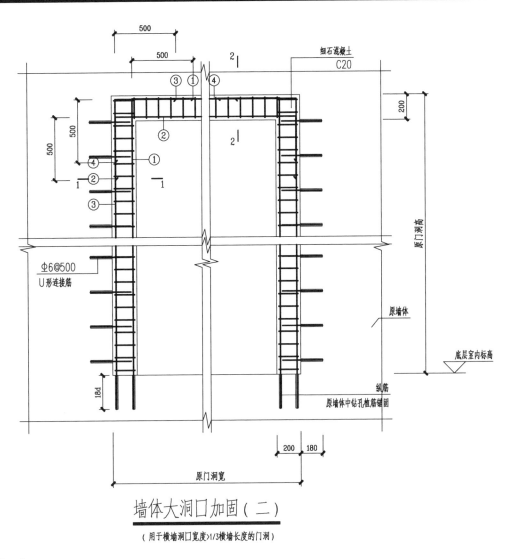

500

500

2

细石混凝土
C20

③ ① ④

200

500

500

②

2

④ ①

① ②

1 1

② ③

1

原门洞高

③

Φ6@500
U形连接筋

原墙体

底层室内标高

纵筋
原墙体中钻孔植筋锚固

18d

200 180

原门洞宽

墙体大洞口加固（二）

（用于横墙洞口宽度>1/3横墙长度的门洞）

注：

1 1-1剖面、2-2剖面详本分册第10页.

2 转角处钢筋布置大样详本分册第10页.

3 当加固后洞口尺寸不满足使用要求时，应采用其他的加固方法.

墙体大洞口加固大样（二）	图集号	川16G122-TY（三）
审核 李德超 ... 校对 陈雪莲 陈雪莲 设计 甘立刚 ...	页	11

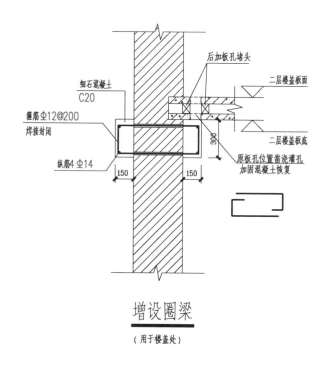

增设圈梁

（用于楼盖处）

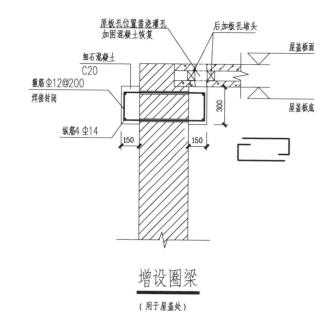

增设圈梁

（用于屋盖处）

注：
1 板底增设圈梁的混凝土浇筑应在预制板的孔洞位置设置浇注孔，浇注孔的
   应设置在预制板的孔洞位置，应轻敲细凿，且不应使预制板肋处的钢筋外
   露及受损.
2 在浇注孔的原预制板孔处设置堵头，浇注孔应采用圈梁混凝土一并恢复.
3 浇注孔间距可取500mm.

墙体增设圈梁大样	图集号	川16G122-TY（三）
审核 李德超　　　 校对 陈雪莲　　　 设计 甘立刚	页	12

60

四川省农村居住建筑维修加固图集
（木结构房屋）

批准部门：四川省住房和城乡建设厅

主编单位：四川省建筑科学研究院

参编单位：四川省建筑工程质量检测中心
四川省建筑新技术工程公司
西南交通大学校园规划与建设处

批准文号：川建标发〔2016〕947号

图集号：川16G122-TY（四）

实施日期：2017年2月1日

主编单位负责人：吴体

主编单位技术负责人：杨枢

技术审定人：李永富 凌飞建

设计负责人：陈平

目　录

	目录	图集号	川16G122-TY(四)
审核 凌程建 凌飞建 校对 陈华 陈平 设计 侯伟 G300		页	1

说 明

1 一般规定

1.1 本分册适用于木结构，包括抬梁木结构、木柱木梁结构、穿斗木结构、康房(四川甘孜州地区俗称崩壳房)房屋的加固维修，以及其他结构中的木结构构件的加固维修。

1.2 加固维修所使用的木料应经过防白蚁、防腐处理。加固维修用木材应符合下列要求：

1.2.1 受拉或拉弯构件应选用一等材(Ia)；受弯或压弯构件应选用二等(IIa)及以上木材。木材的最低强度应满足《木结构设计规范》GB 50005-2003第4.2.3条关于TB11的强度要求。

1.2.2 承重圆木柱稍径不应小于150mm，圆木檩稍径不应小于100mm，圆木椽稍径不应小于50mm；木柱、木檩当采用方木时，边长不应小于120mm；方木椽截面尺寸宜为105mm×20mm。

1.2.3 应选用干燥、节疤少、无腐朽的木材。

1.2.4 不应采用有较大变形、开裂、腐蚀、虫蛀或榫孔较多的旧构件。

1.3 螺栓材料应符合现行国家标准《六角头螺栓》GB/T 5782和《六角头螺栓-C级》GB/T 5780的规定，螺栓直径不应小于12mm，螺栓垫板厚度不宜小于0.3倍螺栓直径，其边长不应小于3.5倍螺栓直径；钢钉的材料性能应符合现行国家标准《一般用途圆钢钉》YB/T 5002有关规定；钢扒钉宜采用Q235钢材制作，扒钉直径不应小于8mm。

1.4 防止木材腐朽措施如下：

1.4.1 现场制作的原木或方木含水率不应大于25%。

1.4.2 防止雨雪等天然水浸湿木材。

1.4.3 在使用期间防止凝结水使木材受潮。

1.4.4 尽量采用干燥的木材制作结构构件，并使其处于通风良好的条件下。处于房屋隐蔽部位的木构件，应设置通风洞口。

1.4.5 不允许将承重结构的任何部分封闭在围护结构之中。

1.4.6 木构件与砖石砌体或混凝土构件接触处应作防腐处理。

1.4.7 应采取化学的措施对木构件进行防腐。

1.5 围护墙体因雨水侵蚀、风化以及使用过程中造成的破坏等，应采取相应措施进行处理。

1.6 围护墙体不宜将木柱完全包裹，宜贴砌在木柱外侧。围护墙体应有保证自身稳定或防止向内倒塌的措施。

1.7 8度及其以上时，应拆除生土墙、毛石墙围护结构，采用砖或小砌块重砌围护结构。

1.8 较大的门窗洞口顶部应设置门窗过梁，门窗应与围护墙牢靠固定。

2 维修加固措施

2.1 对变形或位移在允许范围内的木构架加固维修，应先采取可靠的支撑措施对木构架牢固支撑，然后再按加固维修方案进行加固。当木构架严重倾斜而可能倒塌，且扶正及加固维修难度较大、费用高时，宜考虑拆除、重建。

2.2 木柱不宜有接头。当有接头时，应采用巴掌榫对接，并在接头处用钢件连接牢固。不应在木柱同一高度处纵横向同时开槽，在同一截面处开槽时，面积不应超过截面总面积的1/2。

2.3 当房屋采用木柱与围护墙体混合承重时，除对损坏结构构件进行加固维修外，还应沿围护墙边增设木柱承受木梁荷载，木柱应重新设置基础，新增木柱与原木梁应采用可靠连接措施。

2.4 当木构件严重开裂时，应予更换或增设构件，更换或增设的构件应与原构件可靠连接。

2.5 当房屋为三角形木屋架和木柱木屋架时，除对损坏结构构件进行加固维修外，还应按抗震构造措施要求增设斜撑和竖向剪刀撑，可参考《四川省农村居住建筑抗震技术规程》DBJ 51/016-2013进行设置。

说明		图集号	川16G122-TY(四)
审核 凌程建	校对 陈华	设计 侯伟	页 2

2.6 廒房底层柱间应采用斜撑或剪刀撑加固，且不宜少于2对。

2.7 木柱的干缩裂缝深度不超过柱径1/3或该方向截面尺寸的1/3时，可按下列嵌补方法进行处理：

2.7.1 当裂缝宽度不大于3mm时，可在柱的油饰或断白过程中，用腻子勾抹严实。

2.7.2 当裂缝宽度在3mm～30mm时，可用木条嵌补，并刷耐水胶粘剂粘牢。

2.7.3 当裂缝宽度大于30mm时，除用木条以耐水胶粘剂补严粘牢外，尚应在柱的开裂段内加铁箍2道～3道，铁箍厚度不宜小于2mm，宽度不宜小于30mm。若柱的开裂段较长，则铁箍间距不应大于300mm。

2.8 当木柱的干缩裂缝超过本说明第2.7条的规定或因构架倾斜、扭转而造成柱身产生纵向裂缝时，宜更换新柱。新柱的截面尺寸不应小于原柱，新柱的材料强度等级不应低于原柱，新柱与原结构构件或基础应采取可靠的连接措施。

2.9 对木梁或木檩的干缩裂缝，当构件的水平裂缝深度（当有对面裂缝时，用两者之和）小于构件宽度或直径的1/4时，可采用嵌补的方法进行修整，即先用木条和耐水性胶粘剂，将缝隙嵌补粘结严实，再用两道以上铁箍箍紧。铁箍厚度不宜小于2mm，宽度不宜小于30mm。

2.10 当木梁或木檩条的裂缝深度超过本说明第2.9条的限值时，应采取可靠措施进行加固处理或进行更换处理。更换的新构件的截面尺寸不应小于原构件，新构件的材料强度等级不应低于原构件，新构件与原结构构件间应采取可靠的连接措施。

2.11 木楼梯应根据损坏的部位及状况，选用下列方法进行加固维修：

2.11.1 扶梯基的加固维修：

当梯段下沉与平台搁栅严重脱开时，可对扶梯基进行绑接。绑接用料一般用50mm×150mm或50mm×200mm的杉木或杂木，搭接部分长度不小于500mm。

当扶梯基下端损坏或腐朽时，可加设素混凝土垫脚，提高其支承点，缩短扶梯基的跨度。也可将楼梯的最下两级踏步改做成砖砌水泥砂浆粉刷踏步，扶梯基搁置在砖砌踏步上。

2.11.2 三角木的加固维修，应根据扶梯基上的三角木损坏程度进行加固维修。当三角木碎裂时，应更换新的三角木。

2.11.3 对损坏开裂或腐朽严重的踏步板，应予以更换。

2.12 砖围护墙体加固

2.12.1 墙体防潮层渗水部位加固维修，应在可靠支撑的条件下分段局部掏砌原潮层的砖墙，重铺油毡沥青防潮层后采用相同的砖材填砌恢复。施工前，应将基层清理干净，油毡应铺设平整，防止出现空鼓、窝气、渗漏及搭接不良。

2.12.2 外墙面渗水部位的加固维修，可采用表面涂刷防水胶或合成高分子防水涂料进行维修。施工前，应将基层杂物清理干净。涂抹防水层应与基层粘结牢靠，表面平整，涂刷均匀，不得有流淌、皱折、鼓泡等现象。

2.12.3 墙面风化的加固维修。当墙体表面局部风化、脱落时，经局部剔凿、清除风化层后可采用1:2水泥砂浆进行修补。当墙体风化面积较大，且风化深度达墙体厚度1/3时，可采用墙体置换法加固维修，也可采用钢筋网水泥砂浆面层进行加固维修。

2.12.4 墙体裂缝的加固维修可按照本图集第（二）分册的相关规定实施。

2.13 生土墙、片石围护墙体加固

对采用生土墙、片石围护墙的木结构房屋，应在木柱间设置支挡措施，防止墙体向内倒塌。当生土墙、片石围护墙裂缝宽度较大，且裂缝处墙体明显错位，及墙体明显倾斜变形时，应将其拆除后重新采用砖或小砌块砌筑，其构造措施应满足《四川省农村居住建筑抗震技术规程》DBJ51/016-2013相应墙体的措施要求。

2.14 门窗洞口处围护墙体加固

说明						图集号	川16G122-TY(四)
审核 凌程建 凌程建	校对	陈华 阿·平	设计	侯伟	G300p	页	3

2.14.1 门窗与墙体应牢靠固定，可在洞口的侧面埋设木砖，门、窗框应采用圆钉与预埋木砖钉牢，门洞每侧宜埋置3块，窗洞每侧宜埋置2块。在原结构增设门窗连接件时，应避免对原结构构件造成损伤。

2.14.2 局部破损、腐朽的木门窗，可局部更换门（窗）框或采用钢钉局部加设木条。

2.14.3 门窗与墙体间的空隙，宜采用粘性填充剂充填密实。

2.14.4 当较大的门窗洞口顶部无过梁时，应增设门窗过梁。在增设门窗过梁和整体更换门窗时，应对洞口顶部采取可靠临时支承。

3 施工要求

3.1 当对木结构进行加固维修时，应分析加固维修部位，以及加固维修方法对房屋结构的安全影响，并制订保证房屋安全的加固维修施工方案。

3.2 加固维修施工方案应遵照先支撑，后加固维修的程序原则。支撑的形式主要可分为竖直支撑（单木顶撑、多木杠撑、龙门架等）和横向拉固（水平、斜向搭头）两种。 支撑注意事项如下：

3.2.1 定位：选择恰当的临时支柱的支撑点，防止各个方向的可能发生的移动，并注意结构受力体系是否会因此而临时改变，如改变则必须进行相应的处理。

3.2.2 牢固：支撑必须稳定、牢固。竖直方向应采用木楔或千斤顶顶紧，横向应采用搭头牢靠连接。

3.2.3 顶起高度：临时顶撑向上抬起的高度不能抬得过高，否则在更换或加固后将使构件产生附加应力。

3.3 木结构构件加固用连接钢板的施工应符合下列要求：

3.3.1 应先依据加固方案图对需增加连接钢板部位的细部尺寸进行复核，确定螺栓孔的位置。

3.3.2 增设连接钢板的部位不平整时，可进行适当的修整或采用胶粘剂粘结木块的方式进行找平处理。

3.3.3 钢板上的孔应为钻成孔，孔径为螺杆直径加2mm。

3.4 木结构加固维修施工应满足如下要求：

3.4.1 必须对设计要求、木材强度、现场木材供应情况等作全面的了解。

3.4.2 所用作木结构的树种应与设计规定的树种相符，或者应符合设计所采用的强度等级。

3.4.3 对木材的含水率进行检查、判断，满足要求后方能用于加固。

3.4.4 施工采用的木材强度较设计强度低时，应经设计人员按实际木材强度重新复核验算后，提出处理措施。

说明	图集号	川16G122-TY(四)
审核 凌程建 *凌程建* 校对 陈华 陈平 设计 侯伟 G300P	页	4

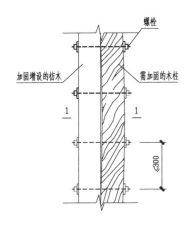

① 矫正前情况

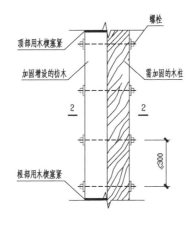

② 加固矫直后情况

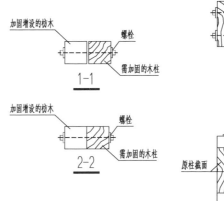

③ 组合柱加固截面图

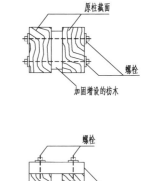

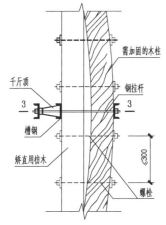

④ 严重侧向弯曲的柱矫正与加固

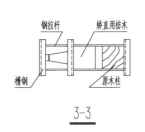

3-3

注：
1 本图①、②、③详图适用于侧向弯曲不严重的木柱的加固维修,④详图适用于侧向弯曲严重的木柱的加固维修.

2 加固时先对弯曲部分进行矫正,使柱子回复到直线形状,然后再增设枋木增大木柱侧向刚度.

3 对侧向弯曲较严重的柱,应部分卸除上部荷载作用,用千斤顶及刚度较大的枋木,对弯曲部分进行矫正,然后再安设连接螺栓进行加固,加固螺栓间距不宜大于300mm.

4 当木柱的侧向弯曲值大于h/250时,宜进行拆除更换. h为层间高度.

木柱侧向弯曲矫正与加固	图集号	川16G122-TY(四)
审核 凌程建 *远程建* 校对 陈华 *阵平* 设计 侯伟 *签名*	页	5

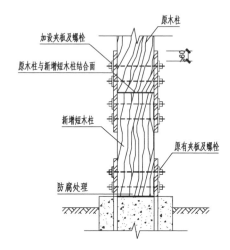

柱脚严重损坏或腐朽的加固（一）

图中标注：
- 加设夹板及螺栓
- 原木柱
- 原木柱与新增短木柱结合面
- 新增短木柱
- 原有夹板及螺栓
- 防腐处理

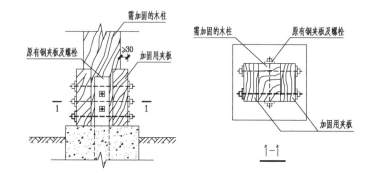

柱脚轻度损坏或腐朽的加固

图中标注：
- 需加固的木柱
- 原有钢夹板及螺栓
- 加固用夹板
- 需加固的木柱
- 原有钢夹板及螺栓
- 加固用夹板

1-1

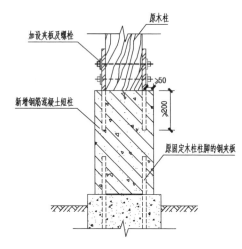

柱脚严重损坏或腐朽的加固（二）

图中标注：
- 加设夹板及螺栓
- 原木柱
- 新增钢筋混凝土短柱
- 原固定木柱柱脚的钢夹板

注:

1　本图适用于木柱柱脚损坏或腐朽的加固维修.

2　当柱脚轻度损坏或腐朽时, 把损坏或腐朽的外表部分除去后, 对柱底完好部分涂刷防腐油膏, 然后安装经防腐处理的加固用木及螺栓.

3　当柱脚严重损坏或腐朽时, 应将损坏或腐朽部分整段锯除后, 再用相同截面的新材接补, 新材的应力等级不应低于木柱的旧材. 连接部分应加设钢夹板或木夹板及螺栓. 钢夹板的厚度不宜小于4mm, 钢板超出螺栓的长度不宜小于60mm, 螺栓距离结合面的尺寸不宜小于100mm.

4　对防潮及通风条件较差, 或在易受撞击场所场所的木柱, 可整段锯除底部腐朽部分, 换以钢筋混凝土短柱, 原有固定柱脚的钢夹板可用作钢筋混凝土短柱与老基座间的锚固连接件. 螺栓距离结合面的尺寸不宜小于100mm.

木柱柱脚损坏或腐朽加固

图集号 川16G122-TY(四)

审核	凌程建	逯程建	校对	陈华	阵平	设计	侯伟		页	

6

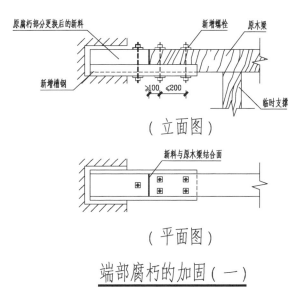

（立面图）

（平面图）

端部腐朽的加固（一）

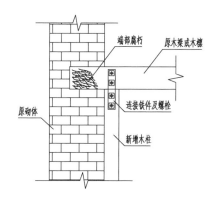

端部腐朽的加固（二）

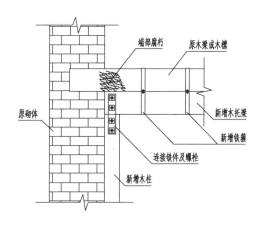

端部腐朽的加固（三）

注：
1 本图适用于木梁、木檩条端部损坏或腐朽的加固维修。
2 当木梁、木檩条端部损坏或腐朽时，应先将构件临时支撑牢靠，锯掉已损坏或腐朽的端部，采用短槽钢并用螺栓与原木构件连接。槽钢宜放在木构件的底部，沿构件长度方向的螺栓不少于两排，其数量和直径应通过计算确定。木梁加固的螺栓不少于4M16，木檩条加固的螺栓不少于4M12。螺栓距离构件边缘不宜小于100mm。
3 当腐朽的位置位于支座内时，可在原支座边附加木柱，木柱与原木梁间增加铁件连接；当腐朽的位置位于支座外时，可增加木托梁和木柱进行加固。连接铁件厚度不宜小于6mm，宽度不宜小于80mm；螺栓距离构件边缘不宜小于50mm；铁箍厚度不宜小于2mm，宽度不宜小于40mm。

木梁、木檩条端部损坏或腐朽加固	图集号	川16G122-TY(四)
审核 凌程建 凌飞建 校对 陈华 阵平 设计 侯伟 G3oop	页	7

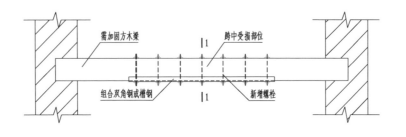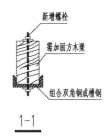

新增螺栓
需加固方木梁
组合双角钢或槽钢

1-1

需加固方木梁 跨中受损部位 组合双角钢或槽钢 新增螺栓

木梁、木檩底跨中加设角钢或槽钢加固

(组合的双角钢间应采取可靠连接措施,确保其共同工作)

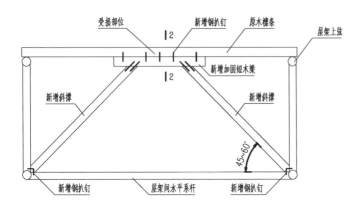

受损部位 新增钢扒钉 原木檩条 屋架上弦
新增加固短木梁
新增斜撑 新增斜撑
45~60°
新增钢扒钉 屋架间水平系杆 新增钢扒钉

原木檩条
新增钢扒钉
对称布置
新增加固短木梁

2-2

加设"八"字形斜撑

注:

1 本图适用于木梁、木檩条跨中严重震损或明显下挠或承载能力不足时的加固维修.

2 对于木梁,可在跨中弯矩较大的区段内,于木构件侧面或底面加设槽钢或组合双角钢或方木,并用螺栓牢靠连接,螺栓的数量、直径及间距应通过计算确定.

3 对于木檩条,可加设"八"字斜撑进行加固,新增构件与原构件间可采用钢扒钉连接,扒钉直径不应小于8mm,宜双向对称设置.

4 对出现腐朽、疵病、严重开裂的木梁,也可按端部腐朽加固的方法,采用增设木托梁和木柱的方法进行加固,参见本分册第7页.

木梁、木檩条跨中损坏、下挠、承载能力不足的加固	图集号	川16G122-TY(四)
审核 凌程建 凌程建 校对 陈华 陈平 设计 侯伟	页	8

68

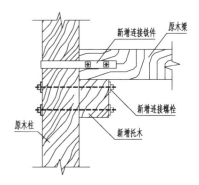

梁柱节点的加固（一）

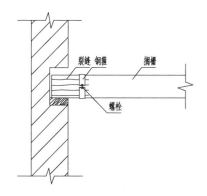

木搁栅加设钢箍绑扎加固

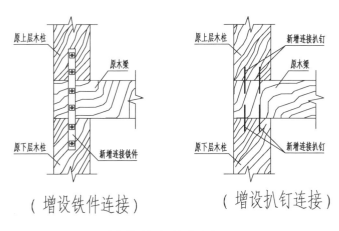

（增设铁件连接）　　（增设扒钉连接）

梁柱节点的加固（二）

注：
1　本图适用于对木梁、木柱节点及木楼盖的木搁栅端头开裂的加固维修。

2　当木柱与木梁榫头出现轻微拔出，或仅用榫头连接时，可在梁柱接头增设托木，托木与木柱间可用螺栓连接，梁柱间增设连接铁件。连接铁件厚度不宜小于6mm，宽度不宜小于80mm；托木宽度不宜小于100mm，高度不宜小于200mm。

3　当木梁放于木柱顶部，木柱与木梁间无连接时，可在木柱与木梁间设扒钉连接或铁件连接。连接铁件厚度不宜小于6mm，宽度不宜小于80mm；螺栓距离构件边缘不宜小于50mm；扒钉直径不应小于8mm。

4　当木楼盖的木搁栅端头损坏开裂时，可加设钢箍绑扎进行加固维修。当木楼盖木搁栅严重损坏或虫蚀腐朽而丧失承载能力时，宜更换新的木搁栅。当木搁栅跨中下挠较大时，可在两根木搁栅之间增加搁栅（可为木搁栅或预制钢筋混凝土搁栅）进行加固维修。

木梁柱节点加固，木搁栅端头开裂加固	图集号	川16G122-TY（四）
审核 凌程建　凌程建　校对 陈华　阵平　设计 侯伟　G子中	页	9

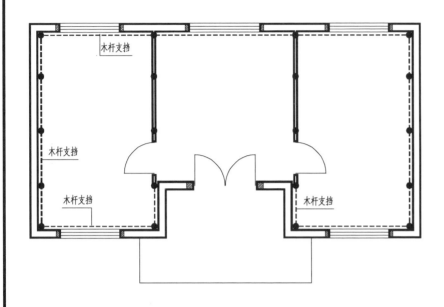

木结构房屋木柱之间增设支挡平面布置图

（用于底层围护墙为生土或毛石墙）

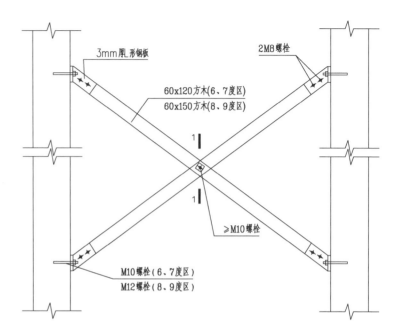

3mm厚L形钢板

2M8螺栓

60x120方木(6、7度区)
60x150方木(8、9度区)

≥M10螺栓

M10螺栓(6、7度区)
M12螺栓(8、9度区)

新增木杆支挡

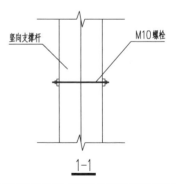

竖向支撑杆

M10螺栓

1-1

注：

1 当房屋底层围护墙为生土或毛石墙时，应在围护墙内侧的木柱间应设置交叉木
  杆或水平木杆支挡。

2 水平木杆支挡每层设置两道，当围护墙上有窗洞时，应在窗洞口上下处设置水
  平木杆支挡。

3 木杆支挡截面宽度不宜小于50mm。

木结构房屋木柱之间增设支挡	图集号	川16G122-TY(四)
审核 凌程建 校对 陈华 设计 侯伟	页	10

四川省农村居住建筑维修加固图集

（钢筋混凝土构件）

批准部门：四川省住房和城乡建设厅

主编单位：四川省建筑科学研究院

参编单位：四川省建筑工程质量检测中心
四川省建筑新技术工程公司
西南交通大学校园规划与建设处

批准文号：川建标发〔2016〕947号

图集号：川16G122-TY（五）

实施日期：2017年2月1日

主编单位负责人：吴纤

主编单位技术负责人：

技术审定人：李承才 凌飞建

设计负责人：

目　录

	目录		图集号	川16G122-TY（五）
审核 陈雪莲 陈雪莲	校对 甘立刚	设计 李德超	页	1

四川省农村居住建筑维修加固图集

（钢筋混凝土结构构件）

批准部门：四川省住房和城乡建设厅

主编单位：四川省建筑科学研究院

参编单位：四川省建筑工程质量检测中心
四川省建筑新技术工程公司
西南交通大学校园规划与建设处

批准文号：川建标发〔2016〕947号

图集号：川16G122-TY（五）

实施日期：2017年2月1日

主编单位负责人：关桦

主编单位技术负责人：

技术审定人：

设计负责人：

	目录	图集号	川16G122-TY(五)
审核 陈雪莲　陈雪莲　校对 甘立刚　　　设计 李德超		页	2

说 明

1 一般规定

1.1 本分册适用于钢筋混凝土构件的加固。

1.2 结构构件加固前，应进行结构鉴定，确定是加固原因以及加固方案。

1.3 加固方案应根据结构鉴定结论，结合结构构件特点及加固施工条件，按安全可靠、经济合理的原则确定。

1.4 混凝土构件的加固设计，应与实际施工方法紧密结合，采取有效措施，保证新增构件与原结构连接可靠，形成整体共同工作，并应考虑对未加固部分，以及相关的结构、构件和地基基础造成的不利影响。

1.5 结构加固设计时，应考虑原结构在加固时的实际受力状况，必要时可考虑卸荷加固。

1.6 材料要求

加固用材料性能应符合国家现行标准要求。加固用材料的性能应符合现行国家标准《工程结构加固材料安全性鉴定技术规范》GB 50728-2011、《混凝土结构加固设计规范》GB 50367-2013、《砌体结构加固设计规范》GB 50702-2011及《建筑抗震加固技术规程》JGJ 116-2009的相关规定。

1.6.1 混凝土

结构加固用的混凝土，其强度等级应比原结构提高一级，且不应低于C20，且在施工前应进行试配，经检验性能符合设计或方案要求后方可使用。

1.6.2 钢材应满足本图集总说明第5.4.2条和第5.4.3条的要求。

1.6.3 水泥应满足本图集总说明第5.4.6条的要求。

1.6.4 碳纤维复合材料

结构加固用的碳纤维复合材，其性能指标应满足《工程结构加固材料安全性鉴定技术规范》GB 50728-2011第8.2条的相关要求。

1.6.5 结构胶粘剂应满足如下要求：

（1）对重要结构、悬挑构件的结构加固用的胶粘剂，应采用A级胶；对一般结构加固用的胶粘剂可采用B级胶。

（2）浸渍、粘结纤维复合材的胶粘剂和粘贴钢板、型钢的胶粘剂采用专门配制的改性环氧树脂胶粘剂。承重结构加固工程中不得使用不饱和聚酯树脂、醇酸树脂等胶粘剂。

（3）植筋用的胶粘剂应采用改性环氧树脂胶粘剂或改性乙烯基酯类结构胶粘剂。当植筋的直径大于22mm时，应采用A级胶。

（4）混凝土裂缝采用裂缝修复胶进行修补处理，其性能要求应满足《工程结构加固材料安全性鉴定技术规范》GB 50728-2011第4.6.4条的规定。

2 加固方法

2.1 混凝土构件加固可分为直接加固和间接加固。常用的直接加固方法有增大截面加固法、置换混凝土加固法、粘贴钢板加固法、粘贴纤维复合材加固法等，间接加固方法主要为增设支点加固法。

2.2 各种加固方法的基本概念、适用范围等技术指标见表2.1。

2.3 加固方法的选择应根据实际条件和使用要求，进行多方案比较，按技术可靠、安全适用、经济合理、方便施工的原则，择优选用。

3 相关技术

与结构加固方法配套使用的相关技术主要有裂缝修补技术、后锚固技术。

3.1 裂缝修补技术

3.1.1 裂缝对混凝土结构构件的危害主要表现在结构构件的整体性、耐久性和正常使用功能的降低。

3.1.2 裂缝修补技术包括裂缝成因分析、危害性评定、裂缝修补方法及工艺要求等。

3.1.3 混凝土构件的裂缝按其形态可分为静止裂缝、活动裂缝、尚在发展的裂缝三类。

（1）静止裂缝：尺寸和数量均已稳定不再发展的裂缝。修补时，仅需依裂缝粗细选择修补材料和方法。

说明					图集号	川16G122-TY(五)
审核	陈雪莲	校对	甘立刚	设计	李德超	页
						3

（2）活动裂缝：在现有环境和工作条件下始终不能保持稳定、易随着结构构件的受力、变形或环境温、湿度的变化而时张、时闭的裂缝。修补时，应先消除其成因，并观察一段时间，确认稳定后再按静止裂缝的处理方法进行修补。若不能完全消除其成因，但可确认对结构、构件的安全性不构成危害时，可使用具有弹性和柔韧性的材料进行修补，并根据裂缝特点确定修补时机。

（3）尚在发展的裂缝：长度、宽度和数量尚在发展，但经历一段时间后将会终止的裂缝。对此类裂缝应待其停止发展后，再进行修补或加固。

3.1.4 混凝土结构裂缝修补方法，主要有表面封闭法、注射法、压力注浆法和填充密封法，分别适用于不同情况。应根据裂缝成因、性状、宽度、深度、裂缝是否稳定，以及修补目的的不同对应选用适宜的方法。

（1）表面封闭法：利用混凝土表层微细独立裂缝（裂缝宽度不大于0.2mm）或网状裂纹的毛细作用吸收低粘度且具有良好渗透性的修补胶液，封闭裂缝通道。

（2）注射法：以一定的压力将低粘度、高强度的裂缝修补胶液注入裂缝腔内。此方法适合于0.1mm≤裂缝宽度≤1.5mm静止的独立裂缝、贯穿性裂缝以及蜂窝状局部缺陷的补强和封闭。

（3）压力注浆法：在一定时间内，以较高压力将修补裂缝用的注浆料压入裂缝腔内；此法适用于处理结构贯穿性裂缝、混凝土的蜂窝状严重缺陷以及深而蜿蜒的裂缝。

（4）填充密封法：在构件表面沿裂缝走向骑缝凿出槽深和槽宽分别不小于20mm和15mm的U形沟槽，然后用改性环氧树脂或弹性填缝材料充填，并粘贴纤维复合材以封闭其表面；此法适用于处理裂缝宽度大于0.5mm的活动裂缝和静止裂缝。

3.1.5 对裂缝宽度大于0.5mm的裂缝，以及承载能力不足引起的结构性裂缝，除应对裂缝进行修补外，尚应采取提高其承载能力的有效措施，并对修补后的裂缝粘贴碳纤维布复合材料进行加强处理。

3.2 后锚固技术
3.2.1 后锚固技术是通过相关技术手段将连接件连接锚固到已有结构上的技术，具有设计灵活、施工方便等优点。
3.2.2 常用的后锚固主要有机械锚栓、胶粘型锚栓和植筋。

（1）承重用的机械锚栓应采用有锁键效应的后扩底锚栓。
（2）承重用的胶粘型锚栓，应采用特殊倒锥形胶粘型锚栓。
（3）植筋：以专用的结构胶粘剂将带肋钢筋或全螺纹螺杆种植于混凝土基材中的一种后锚固连接方法。植筋的边距不应小于2.5d，间距不应小于5d，植筋的孔径和参考锚固深度见表3.1、表3.2，其中，当为悬挑构件时，表3.2中的植筋深度应乘以系数1.5。

表3.1 植筋直径对应的钻孔直径
单位：mm

钢筋直径	钻孔直径	钢筋直径	钻孔直径
12	15	20	25
14	18	22	28
16	20	25	32
18	22	28	35

表3.2 参考植筋受拉锚固深度

混凝土强度等级	植筋深度（mm）	
	HRB335级钢筋	HRB400级钢筋
C20	40d	48d
C25	34d	41d
C30	25d	30d
C35	20d	23d

说明	图集号	川16G122-TY（五）
审核 陈雪莲 陈雪莲 校对 甘立刚 校对签名 设计 李德超 设计签名	页	4

表2.1 加固方法选用表

加固方法	方法简介	适用范围
增大截面加固法	增大原构件截面面积或增配钢筋，采取增大混凝土构件的截面面积，以提高其承载能力和满足正常使用的一种直接加固方法。	该方法适用范围较广，适用于混凝土梁、板、柱及墙等构件的加固，特别是需要大幅度提高承载能力的构件加固。
置换混凝土加固法	剔除原构件低强度或有缺陷区域的混凝土后，采用同品种但强度等级较高的混凝土进行局部重新浇筑，使原构件的承载能力得到恢复的一种加固方法。	适用于混凝土强度偏低或有严重缺陷的梁、柱等承载构件的加固；使用中受损伤、高温、冻害、侵蚀的构件加固；由于施工原因造成的局部混凝土强度不满足要求或蜂窝、麻面、孔洞等施工缺陷的处理。
粘贴钢板加固法	采用结构胶粘剂将钢板粘贴于原构件的混凝土表面，使之形成具有整体性的复合截面，以提高其承载力的一种直接加固方法。	适用于钢筋混凝土梁、板受弯、斜截面受剪、受拉及大偏心受压构件的加固，被加固构件的混凝土强度不应低于C15。
粘贴纤维复合材加固法	采用结构胶粘剂将纤维复合材粘贴于原构件的混凝土表面，使之形成具有整体性的复合截面，以提高其承载力的一种直接加固方法。	适用于钢筋混凝土构件受弯、受剪、受压及受拉构件的加固，被加固构件的混凝土强度不应低于C15。

表2.1 加固方法选用表　　图集号 川16G122-TY(五)

审核 陈雪莲 陈雪莲 校对 甘立刚 设计 李德超　页 5

75

柱加固说明

1 增大截面加固法

1.1 增大截面法加固柱应根据柱的类型、截面形式、所处位置及受力情况等的不同，采用相应的加固构造方式。

1.2 新增纵向受力钢筋应由计算确定，但直径不宜小于16mm；新增箍筋直径宜与原箍筋相同，且不宜小于8mm。新增箍筋加密区的箍筋最大间距不应大于100mm，加密区范围应满足以下要求：

　　（1）柱端，取截面高度（圆柱直径）、柱净高度1/6和500mm三者的最大值；

　　（2）底层柱端下端不小于柱净高的1/3；

　　（3）刚性地面上下各500mm；

　　（4）因设置填充墙等形成的柱净高与柱截面高度之比不大于4的柱、二级框架的角柱，取全高。

1.3 新增混凝土层最小厚度为80mm。

1.4 混凝土四面围套加固箍筋应封闭，单面、双面和三面围套的加固箍筋可在原构件混凝土中植筋锚固，也可与原箍筋采用焊接，焊缝长度：双面焊时不小于5d，单面焊时不小于10d。

1.5 加固混凝土构件时，应清除原构件表面的尘土、浮浆、污垢、油渍、原有涂装、抹灰层或其他饰面层；剔除其风化、剥落、疏松、起砂、蜂窝、麻面、腐蚀等缺陷至密实部位。

1.6 新旧混凝土结合面处理：原构件混凝土界面（粘合面）经修整露出骨料新面后，尚应采用花锤、砂轮机或高压水射流进行打毛；必要时，也可凿成沟槽。打毛处理后，应采用钢丝刷等工具清除表面松动的骨料、砂砾、浮渣和粉尘，并用清洁的压力水冲洗干净。浇筑混凝土前，结合面应采用水泥净浆涂刷一道，待水泥净浆初凝前浇筑混凝土。

1.7 新增钢筋穿原结构梁、板、柱的孔洞应采用胶粘剂灌注锚固。

1.8 模板及模板支撑应可靠，模板的接缝不应漏浆。在浇筑混凝土前，模板内的杂物应清理干净；木模板应浇水湿润，但模板内不应有积水。

1.9 应在浇筑完毕后的12小时以内对混凝土加以覆盖并保湿养护，养护时间不得少于7天。养护用水应与拌制用水相同。

2 粘贴纤维布加固法

2.1 粘贴纤维布加固法主要适用于提高柱轴心受压承载力、斜截面承载力以及位移延性的加固。

2.2 当轴心受压柱的正截面承载力不足时，可采用沿其全长无间隔的环向连续粘贴纤维布的方法进行加固；但柱斜截面受剪承载力不足时，可将纤维布的条带粘贴成环形箍，且纤维方向与柱的轴线垂直；当柱因延性不足而进行抗震加固时，可采用环向粘贴纤维布构成的环向围束作为附加箍筋。

2.3 当采用纤维布环向围束对钢筋混凝土柱进行正截面加固时，环向围束的层数，对圆形截面不应少于2层，对矩形截面不应少于3层。环向围束上下层之间的搭接宽度不应小于50mm，纤维布环向截断点的延伸长度不应小于200mm，各条带搭接位置应相互错开。

2.4 纤维布粘贴部位混凝土经修整露出骨料新面，修复平整，并对较大孔洞、凹面、露筋等缺陷进行修补、复原；对有段差、内转角的部位应抹成平滑的曲面；对构件截面的棱角，应打磨成圆弧半径不小于25mm 的圆角。

2.5 纤维布的表面可采用砂浆保护层。碳纤维布粘贴完成后，在布表面刷一层结构胶，初凝前向其撒一层粗砂，增加与抹灰层的粘结。

2.6 本加固施工应请有经验、有资质的专业施工队伍进行施工。

3 置换混凝土加固法

3.1 此方法适用于混凝土强度偏低或有严重缺陷部位的加固。

3.2 当采用此方法加固时，应对构件在施工全过程中的承载状态进行验算、观测和控制，当有必要时，应采取支顶等措施进行卸荷。

柱加固说明	图集号	川16G122-TY(五)
审核 陈雪莲　校对 甘立刚　设计 李德超	页	6

3.3 加固混凝土构件时，应剔除强度偏低的部位至正常部分，或剔除风化、剥落、疏松、起砂、蜂窝、麻面、腐蚀等缺陷至密实部位。

3.4 新旧混凝土结合面处理：原构件混凝土界面（粘合面）经修整露出骨料新面后，尚应采用花锤、砂轮机或高压水射流进行打毛；必要时，也可凿成沟槽。打毛处理后，应采用钢丝刷等工具清除表面松动的骨料、砂砾、浮渣和粉尘，并用清洁的压力水冲洗干净。浇筑混凝土前，结合面应采用水泥净浆涂刷一道，待水泥净浆初凝前浇筑混凝土。

3.5 当缺陷部位混凝土置换深度不小于100mm时，新旧混凝土结合面宜增设拉结筋。

3.6 应在混凝土浇筑完毕后的12小时以内对混凝土加以覆盖并保湿养护，养护时间不得少于7天。养护用水应与拌制用水相同。

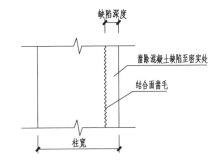

柱缺陷置换加固方法一

（缺陷深度＜100mm）

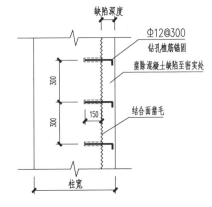

柱缺陷置换加固方法二

（缺陷深度≥100mm）

柱加固说明、柱缺陷置换加固方法	图集号	川16G122-TY(五)
审核 陈雪莲　校对 甘立刚　设计 李德超	页	7

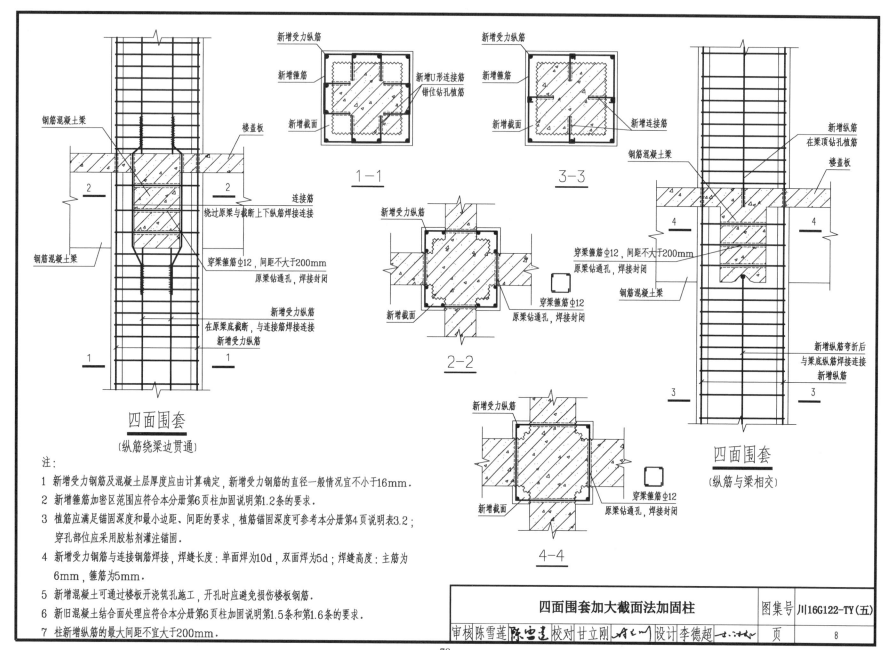

四面围套
（纵筋绕梁边贯通）

1-1

3-3

2-2

4-4

四面围套
（纵筋与梁相交）

注:
1 新增受力钢筋及混凝土层厚度应由计算确定，新增受力钢筋的直径一般情况宜不小于16mm.
2 新增箍筋加密区范围应符合本分册第6页柱加固说明第1.2条的要求.
3 植筋应满足锚固深度和最小边距、间距的要求，植筋锚固深度可参考本分册第4页说明表3.2；
  穿孔部位应采用胶粘剂灌注锚固.
4 新增受力钢筋与连接钢筋焊接，焊缝长度：单面焊为10d；双面焊为5d；焊缝高度：主筋为
  6mm，箍筋为5mm.
5 新增混凝土可通过楼板开凿筑孔施工，开孔时应避免损伤楼板钢筋.
6 新旧混凝土结合面处理应符合本分册第6页柱加固说明第1.5条和第1.6条的要求.
7 柱新增纵筋的最大间距不宜大于200mm.

四面围套加大截面法加固柱	图集号	川16G122-TY（五）
审核 陈雪莲 陈雪莲 校对 甘立刚 设计 李德超	页	8

78

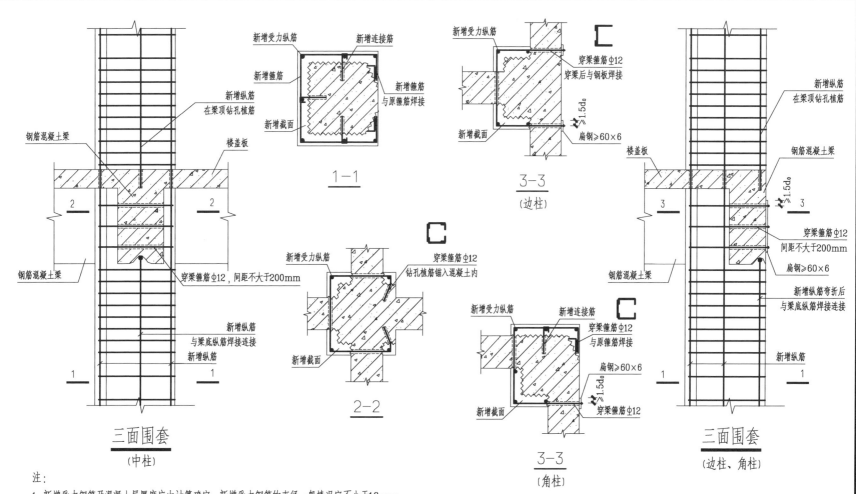

注：

1 新增受力钢筋及混凝土层厚度应由计算确定，新增受力钢筋的直径一般情况宜不小于16mm。

2 新增箍筋加密区范围应符合本分册第6页柱加固说明第1.2条的要求。

3 植筋应满足锚固深度和最小边距、间距的要求，植筋锚固深度可参考本分册第4页说明表3.2；穿孔部位应采用胶粘剂灌注锚固。

4 新增受力钢筋与连接钢筋焊接，焊缝长度：单面焊为10d，双面焊为5d；焊缝高度：主筋为6mm，箍筋为5mm。

5 新增混凝土可通过楼板开浇筑孔施工，开孔时应避免损伤楼板钢筋。

6 新旧混凝土结合面处理应符合本分册第6页柱加固说明第1.5条和第1.6条的要求。

7 柱新增纵筋的最大间距不宜大于200mm。

8 梁区等代箍筋在扁钢上采用钻成孔，孔径d_0为钢筋直径加2mm。

三面围套加大截面法加固柱		图集号	川16G122-TY（五）
审核 陈雪莲 陈雪莲 校对 甘立刚 设计 李德超		页	9

79

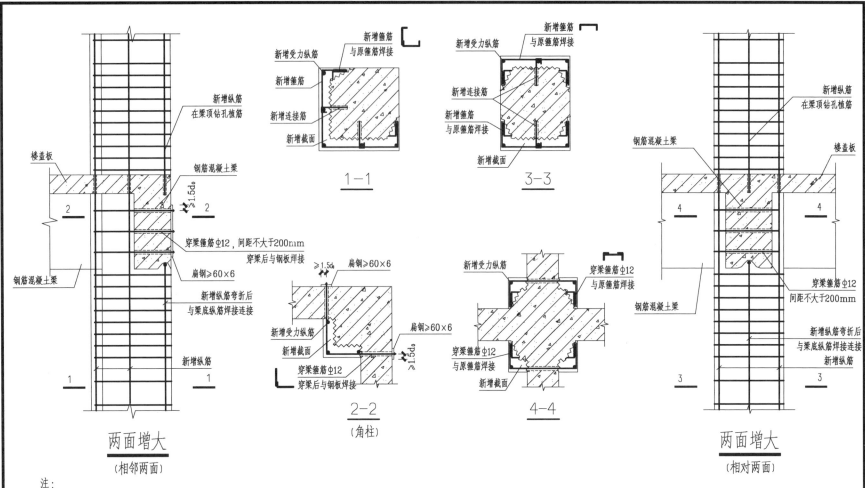

两面增大
（相邻两面）

两面增大
（相对两面）

1-1

3-3

2-2
（角柱）

4-4

注：
1 新增受力钢筋及混凝土层厚度应由计算确定，新增受力钢筋的直径一般情况宜不小于16mm.
2 新增箍筋加密区范围应符合本分册第6页柱加固说明第1.2条的要求.
3 植筋应满足锚固深度和最小边距、间距的要求，植筋锚固深度可参考本分册第4页说明表3.2；穿孔部位应采用胶粘剂灌注锚固.
4 新增受力钢筋与连接钢筋焊接，焊缝长度：单面焊为10d，双面焊为5d；焊缝高度：主筋为6mm，箍筋为5mm.
5 新增混凝土可通过楼板开浇筑孔施工，开孔时应避免损伤楼板钢筋.

6 新旧混凝土结合面处理应符合本分册第6页柱加固说明第1.5条和第1.6条的要求.
7 柱新增纵筋的最大间距不宜大于200mm.
8 梁区等代箍筋在扁钢上采用钻成孔，孔径d_o为钢筋直径加2mm.

两面加大截面法加固柱	图集号	川16G122-TY（五）
审核 陈雪莲	甘立刚 设计 李德超	页 10

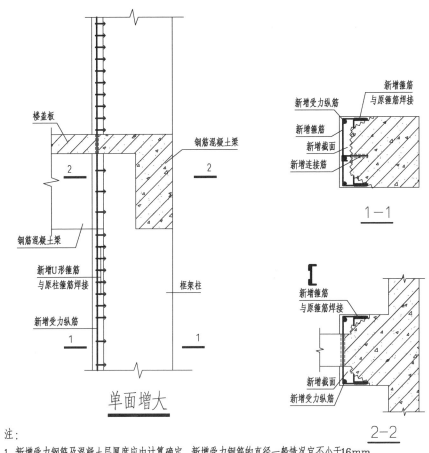

单面增大

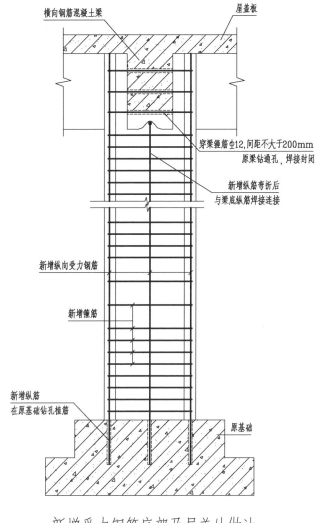

新增受力钢筋底部及屋盖处做法

注：

1. 新增受力钢筋及混凝土层厚度应由计算确定，新增受力钢筋的直径一般情况宜不小于16mm。

2. 新增箍筋加密区范围应符合本分册第6页柱加固说明第1.2条的要求。

3. 植筋应满足锚固深度和最小边距、间距的要求；植筋锚固深度可参考本分册第4页说明表3.2；穿孔部位应采用胶粘剂灌注锚固。

4. 新增新增箍筋与原箍筋焊接，焊缝长度：单面焊为10d，双面焊为5d；焊缝高度：主筋为6mm，箍筋为5mm。

5. 新增混凝土可通过楼板开浇筑孔施工，开孔时应避免损伤楼板钢筋。

6. 新旧混凝土结合面处理应符合本分册第6页柱加固说明第1.5条和第1.6条的要求。

7. 柱新增纵筋的最大间距不宜大于200mm。

单面加大截面法加固柱　新增受力钢筋底部及屋盖处做法	图集号	川16G122-TY（五）
审核 陈雪莲　　　校对 甘立刚　　　设计 李德超	页	11

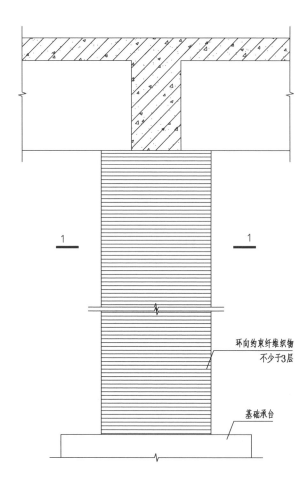

环向约束纤维织物
不少于3层

基础承台

粘贴纤维布法加固

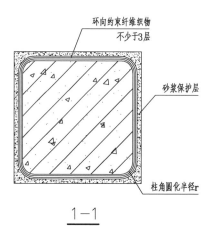

环向约束纤维织物
不少于3层

砂浆保护层

柱角圆化半径r

1－1

注：
1 柱四角保护层应凿除，并打磨成圆角，圆化半径r不应小于25mm．
2 环向围束上下层之间的搭接宽度不应小于50mm，纤维布环向截断点的延伸长度不应小于
   200mm，各条带搭接位置应相互错开．

粘贴纤维布法加固柱	图集号	川16G122-TY(五)
审核 陈雪莲 陈雪莲　曲志鹏　设计 李德超	页	12

梁加固说明

1 增大截面加固法

1.1 增大截面法加固梁应根据梁的类型、截面形式、所处位置及受力情况等的不同，采用相应的加固构造方式。

1.2 新增纵向受力钢筋应由计算确定，但直径不宜小于16mm；新增箍筋直径宜与原箍筋相同，且不宜小于8mm。新增箍筋加密区长度：梁截面高度的2倍和500mm两者中的较大值。

1.3 新增混凝土层最小厚度为60mm。

1.4 混凝土围套加固箍筋应封闭，单面或双面加固箍筋可采用U形箍，U形箍可与原箍筋焊接，焊缝长度：双面焊时不小于5d，单面焊时不小于10d；现浇梁顶板面U形箍也可采用植筋锚固于板。

1.5 加固混凝土构件时，应清除原构件表面的尘土、浮浆、污垢、油渍、原有涂装、抹灰层或其他饰面层；剔除其风化、剥落、疏松、起砂、蜂窝、麻面、腐蚀等缺陷至密实部位。

1.6 新旧混凝土结合面处理：原构件混凝土界面（粘合面）经修整露出骨料新面后，尚应采用花锤、砂轮机或高压水射流进行打毛；必要时，也可凿成沟槽。打毛处理后，应采用钢丝刷等工具清除表面松动的骨料、砂砾、浮渣和粉尘，并用清洁的压力水冲洗干净。浇筑混凝土前，结合面应采用水泥净浆涂刷一道，待水泥净浆初凝前浇筑混凝土。

1.7 新增钢筋穿原结构梁、板、柱的孔洞应采用胶粘剂灌注锚固。

1.8 模板及模板支撑应可靠，模板的接缝不应漏浆。在浇筑混凝土前，模板内的杂物应清理干净；木模板应浇水湿润，但模板内不应有积水。

1.9 应在浇筑完毕后的12小时以内对混凝土加以覆盖并保湿养护，养护时间不得少于7天。养护用水应与拌制用水相同。

1.10 底模及其支撑应在混凝土强度达到设计强度的100%时方可拆除。

2 粘贴钢板加固法

2.1 梁粘贴钢板加固法主要用于梁的正截面受弯加固，加固后的梁，其正截面受弯承载力的提高幅度不应超过40%。

2.2 粘贴钢板法的受力钢板规格应由计算确定，钢板层数宜为一层。为保证加固质量，粘贴钢板法中的主要受力钢板可采用锚栓进行附加锚固。

2.3 加固梁跨中受弯纵向钢板端部应有可靠锚固。对于梁顶钢板，为避免柱子阻断，可齐柱边通长布置在梁有效翼缘内；边跨尽端，应弯折向下贴于边梁。梁底钢板可采用封闭式扁钢箍锚固于柱。

2.4 原构件混凝土界面（粘合面）经修整露出结构新面，对较大孔洞、凹面、露筋等缺陷进行修补，并修复平整、打毛处理；加固用钢板的界面（粘合面）应除锈、脱脂、打磨至露出金属光泽，并进行打毛和糙化处理。

2.5 粘贴钢板加固法施工顺序：界面处理—注胶施工—固定、加压、养护—防护层施工。

2.6 粘贴的钢板表面应进行防锈处理。

3 粘贴纤维布加固法

3.1 粘贴纤维布对正截面受弯进行加固时，纤维布的纤维方向应沿纵向贴于梁的受拉面；对斜截面受剪进行加固时，纤维方向应沿横向环绕贴于梁周表面。

3.2 加固所用纤维布规格，包括面积质量、宽度、层数、弹性模量及强度等，应由计算确定。加固后结构构件，其正截面受弯承载力的提高幅度，不应超过40%。

3.3 梁截面棱角应在粘贴前通过打磨加以圆化；圆化半径，对于碳纤维布不应小于20mm，对于玻璃纤维不应小于15mm。

3.4 梁顶纵向纤维布，当无障碍时，可通长直接贴于梁顶面；当有障碍时，可齐柱根贴于梁的有效翼缘内。纤维布在两端应向下弯折贴于端边梁侧面，其延伸长度应满足相关要求，转折处以角钢压条压结，尽端以钢板压结。

3.5 纤维布的表面可采用砂浆保护层。碳纤维布粘贴完成后，在布表面刷一层结构胶，初凝前向其撒一层粗砂，增加与抹灰层的粘结。

4 置换混凝土加固法

4.1 此方法适用于混凝土强度偏低或有严重缺陷部位的加固。

4.2 梁的置换加固参照本分册第6页、第7页柱的置换加固法实施。

梁加固说明	图集号	川16G122-TY(五)
审核 陈雪莲 陈雪莲 校对 甘立刚 设计 李德超	页	13

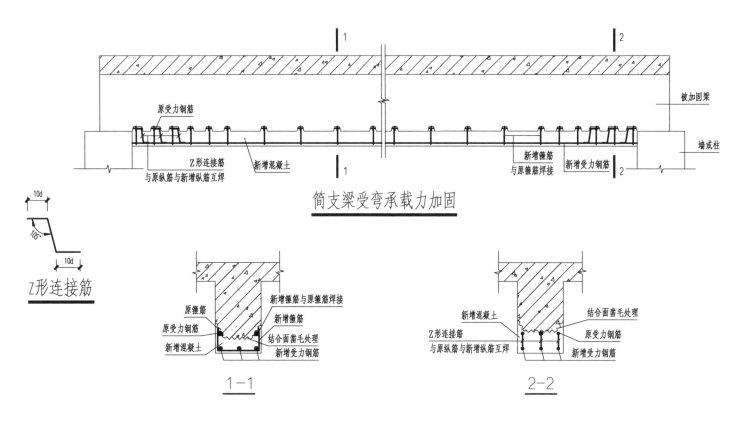

简支梁受弯承载力加固

Z形连接筋

1-1

2-2

注:

1 新增受力钢筋及下加厚尺寸应由计算确定,直径不小于16mm;Z形连接筋直径不小于16mm,
中距不宜大于300mm,不宜少于3道.

2 新增箍筋直径、间距宜与原箍筋相同.

3 新增钢筋与原钢筋焊接,焊缝长度:单面焊为10d,双面焊为5d;焊缝高度:主筋为6mm,箍
筋为5mm.

4 新旧混凝土结合面处理应符合本分册第13页梁加固说明第1.5条和第1.6条的要求.

5 当下加厚尺寸较小时,可采用连接短筋代替Z形连接筋.

增大截面法加固简支梁受弯承载力	图集号	川16G122-TY(五)
审核 陈雪莲 校对 甘立刚 设计 李德超	页	14

84

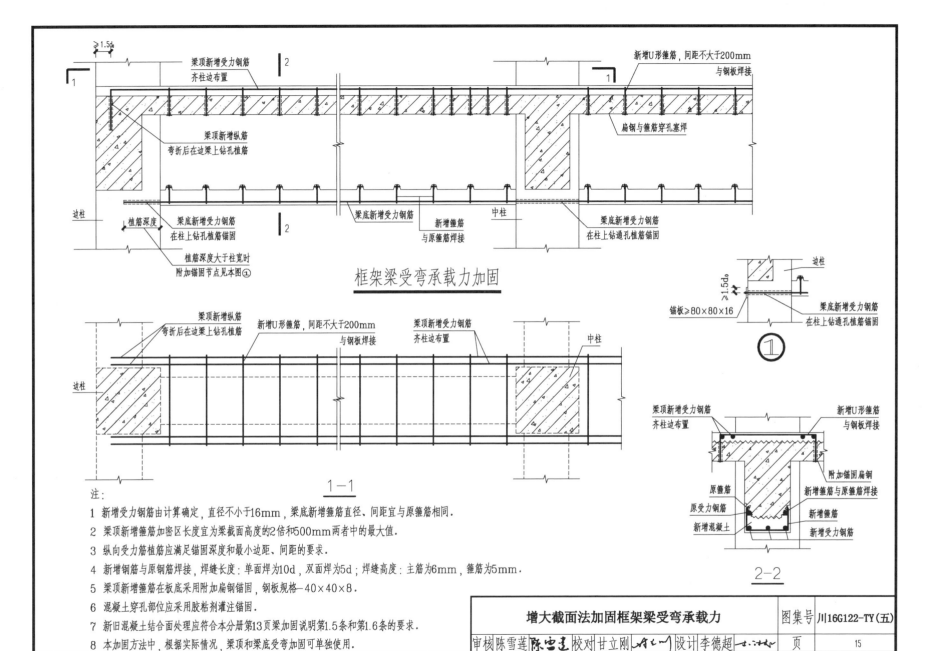

框架梁受弯承载力加固

1－1

2－2

① 锚板≥80×80×16

注：

1 新增受力钢筋由计算确定，直径不小于16mm，梁底新增箍筋直径、间距宜与原箍筋相同．

2 梁顶新增箍筋加密区长度宜为梁截面高度的2倍和500mm两者中的最大值．

3 纵向受力筋植筋应满足锚固深度和最小边距、间距的要求．

4 新增钢筋与原钢筋焊接，焊缝长度：单面焊为10d，双面焊为5d；焊缝高度：主筋为6mm，箍筋为5mm．

5 梁顶新增箍筋在板底采用附加扁钢锚固，钢板规格—40×40×8．

6 混凝土穿孔部位应采用胶粘剂灌注锚固．

7 新旧混凝土结合面处理应符合本分册第13页梁加固说明第1.5条和第1.6条的要求．

8 本加固方法中，根据实际情况，梁顶和梁底受弯加固可单独使用．

增大截面法加固框架梁受弯承载力	图集号	川16G122-TY(五)
审核 陈雪莲　　校对 甘立刚　　设计 李德超	页	15

85

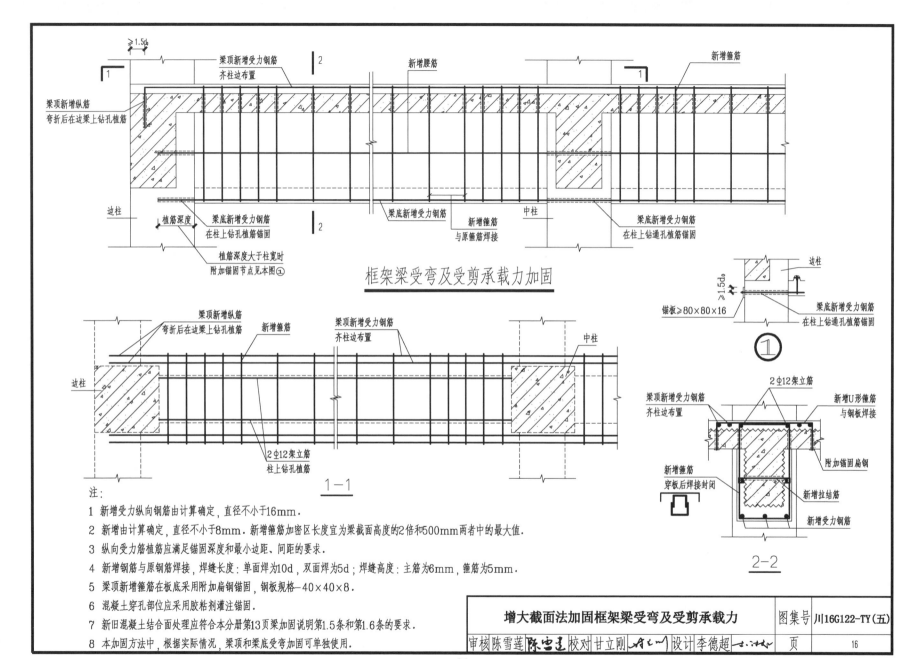

框架梁受弯及受剪承载力加固

1—1

①

2—2

注：

1 新增受力纵向钢筋由计算确定，直径不小于16mm。

2 新增由计算确定，直径不小于8mm。新增箍筋加密区长度宜为梁截面高度的2倍和500mm两者中的最大值。

3 纵向受力筋植筋应满足锚固深度和最小边距、间距的要求。

4 新增钢筋与原钢筋焊接，焊缝长度：单面焊为10d，双面焊为5d；焊缝高度：主筋为6mm，箍筋为5mm。

5 梁顶新增箍筋在板底采用附加扁钢锚固，钢板规格—40×40×8。

6 混凝土穿孔部位应采用胶粘剂灌注锚固。

7 新旧混凝土结合面处理应符合本分册第13页梁加固说明第1.5条和第1.6条的要求。

8 本加固方法中，根据实际情况，梁顶和梁底受弯加固可单独使用。

增大截面法加固框架梁受弯及受剪承载力	图集号	川16G122-TY(五)
审核 陈雪莲 陈雪莲 校对 甘立刚 设计 李德超	页	16

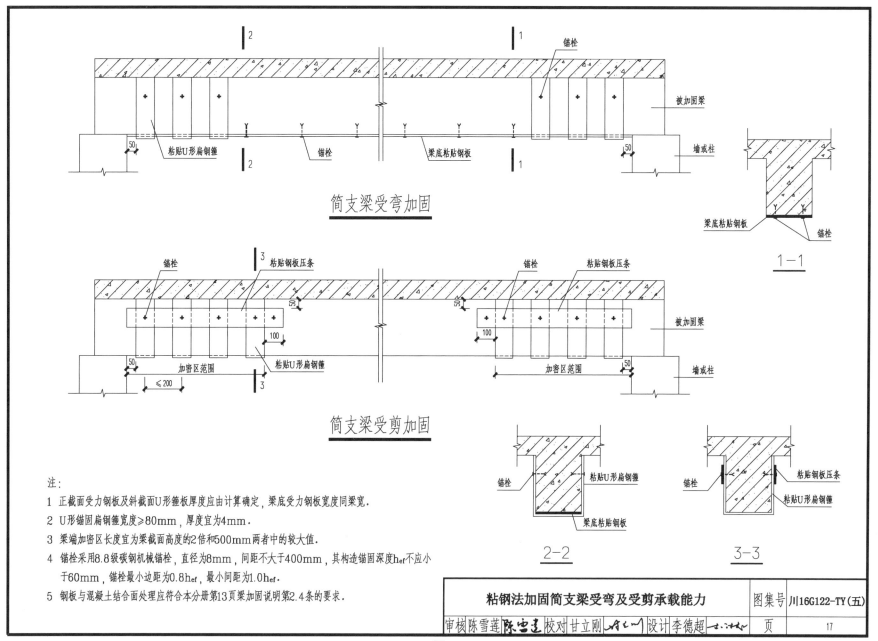

简支梁受弯加固

锚栓

粘贴U形扁钢箍

锚栓

梁底粘贴钢板

被加固梁

墙或柱

梁底粘贴钢板

锚栓

1—1

简支梁受剪加固

锚栓

粘贴钢板压条

锚栓

粘贴钢板压条

被加固梁

粘贴U形扁钢箍

加密区范围

墙或柱

加密区范围

锚栓

粘贴U形扁钢箍

2—2

锚栓

粘贴钢板压条

粘贴U形扁钢箍

梁底粘贴钢板

3—3

注：
1 正截面受力钢板及斜截面U形箍板厚度应由计算确定，梁底受力钢板宽度同梁宽。
2 U形锚固扁钢箍宽度≥80mm，厚度宜为4mm。
3 梁端加密区长度宜为梁截面高度的2倍和500mm两者中的较大值。
4 锚栓采用8.8级碳钢机械锚栓，直径为8mm，间距不大于400mm，其构造锚固深度h_{ef}不应小于60mm，锚栓最小边距为$0.8h_{ef}$，最小间距为$1.0h_{ef}$。
5 钢板与混凝土结合面处理应符合本分册第13页梁加固说明第2.4条的要求。

粘钢法加固简支梁受弯及受剪承载能力	图集号	川16G122-TY(五)
审核 陈雪莲　校对 甘立刚　设计 李德超	页	17

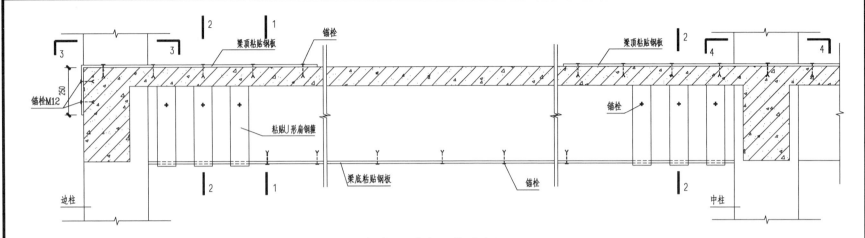

框架梁受弯承载力加固

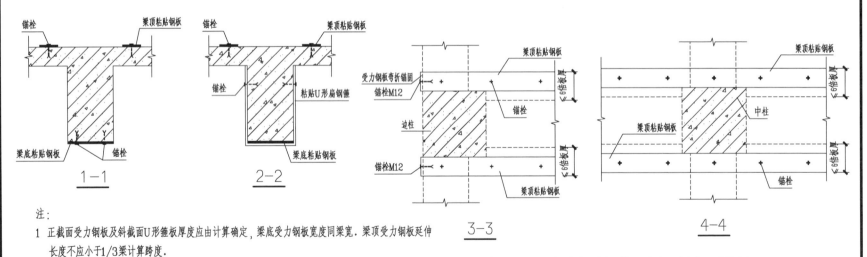

注:
1 正截面受力钢板及斜截面U形箍板厚度应由计算确定,梁底受力钢板宽度同梁宽. 梁顶受力钢板延伸长度不应小于1/3梁计算跨度.

2 U形锚固扁钢箍宽度≥80mm,厚度宜为4mm.

3 锚栓采用8.8级碳钢机械锚栓,除图中标注外,其余锚栓直径为8mm,间距不大于400mm,其构造锚固深度h_{ef}不应小于60mm;M12锚栓锚固深度h_{ef}不小于80mm. 锚栓最小边距为$0.8h_{ef}$,最小间距为$1.0h_{ef}$.

4 钢板与混凝土结合面处理应符合本分册第12页梁加固说明第2.4条的要求.

5 本加固方法中,根据实际情况,梁顶和梁底受弯加固可单独使用.

粘钢法加固框架梁受弯承载力	图集号	川16G122-TY(五)
审核 陈雪莲 校对 甘立刚 设计 李德超	页	18

88

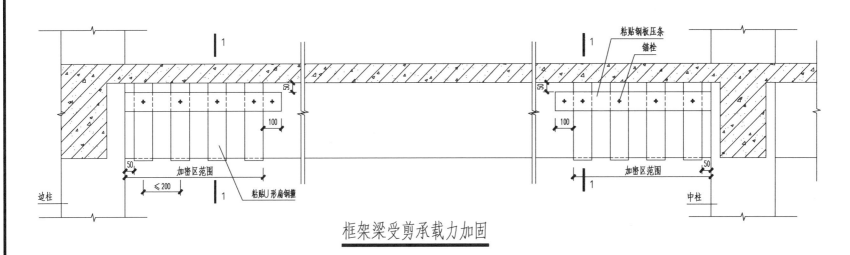

框架梁受剪承载力加固

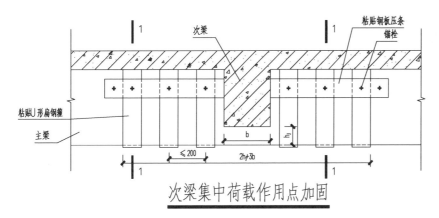

次梁集中荷载作用点加固

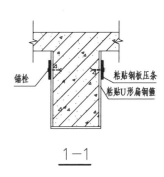

1－1

注:

1 正截面受力钢板及斜截面U形箍板厚度应由计算确定,梁底受力钢板宽度同梁宽.

2 U形锚固扁钢箍宽度≥80mm,厚度≥4mm.

3 梁端加密区长度宜为梁截面高度的2倍和500mm两者中的较大值.

4 锚栓采用8.8级碳钢机械锚栓,直径为8mm,间距不大于400mm,其构造锚固深度h_{ef}不应小于60mm,锚栓最小边距为$0.8h_{ef}$,最小间距为$1.0h_{ef}$.

5 钢板与混凝土结合面处理应符合本分册第13页梁加固说明第2.4条的要求.

粘钢法加固框架梁受受剪载力及次梁集中荷载作用点	图集号	川16G122-TY(五)
审核 陈雪莲 校对 甘立刚 设计 李德超	页	19

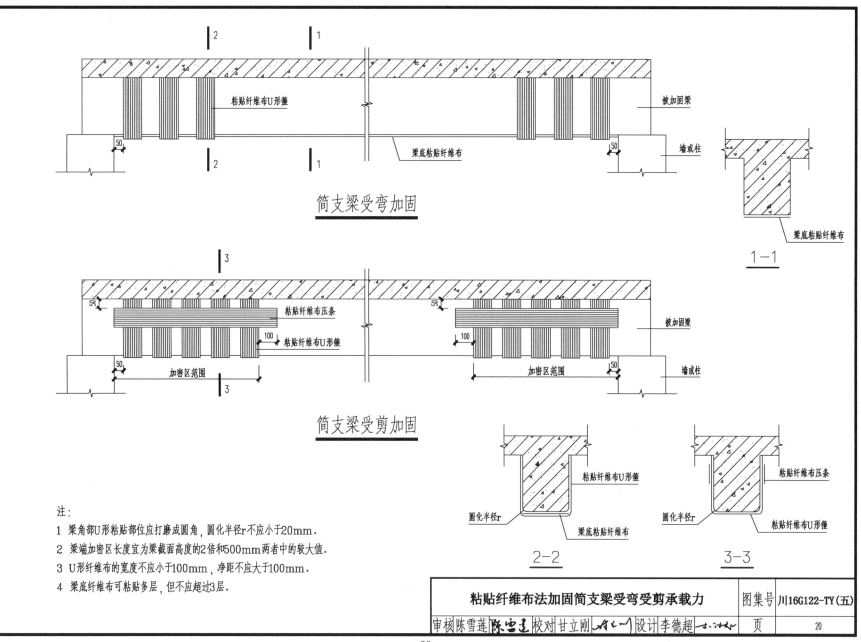

简支梁受弯加固

粘贴纤维布U形箍
被加固梁
梁底粘贴纤维布
墙或柱
50

1—1
梁底粘贴纤维布

简支梁受剪加固

粘贴纤维布压条
被加固梁
粘贴纤维布U形箍
加密区范围
墙或柱
50
100

2—2
圆化半径r
粘贴纤维布U形箍
梁底粘贴纤维布

3—3
圆化半径r
粘贴纤维布压条
粘贴纤维布U形箍

注:
1 梁角部U形粘贴部位应打磨成圆角,圆化半径r不应小于20mm.
2 梁端加密区长度宜为梁截面高度的2倍和500mm两者中的较大值.
3 U形纤维布的宽度不应小于100mm,净距不应大于100mm.
4 梁底纤维布可粘贴多层,但不应超过3层.

粘贴纤维布法加固简支梁受弯受剪承载力	图集号	川16G122-TY(五)
审核 陈雪莲 陈雪莲 校对 甘立刚 设计 李德超	页	20

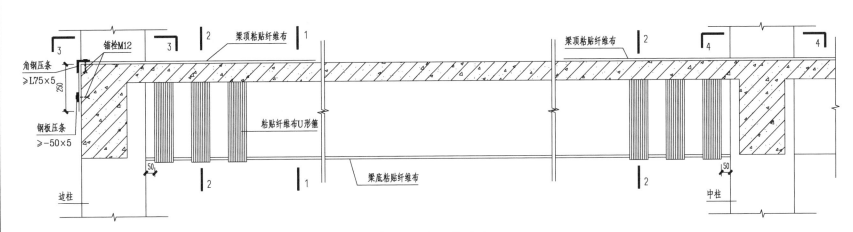

框架梁受弯承载力加固

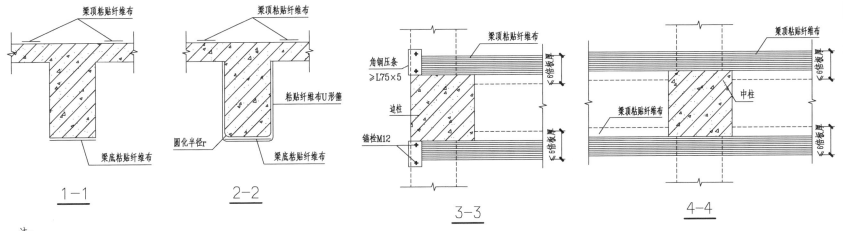

1-1   2-2   3-3   4-4

注:
1 梁角部U形粘贴部位应打磨成圆角,圆化半径r不应小于20mm.

2 U形纤维布的宽度不应小于100mm,净距不应大于100mm.

3 梁底、梁顶纤维布可粘贴多层,但不应超过3层.

4 梁顶纤维布延伸长度不应小于1/3梁计算跨度.

5 锚栓采用8.8级碳钢机械锚栓,M12锚栓锚固深度h_{ef}不小于80mm.锚栓最小边距为$0.8h_{ef}$,最

小间距为$1.0h_{ef}$.

6 本加固方法中,根据实际情况,梁顶和梁底受弯加固可单独使用.

粘贴纤维布法加固框架梁受弯承载力	图集号	川16G122-TY(五)
审核 陈雪莲 校对 甘立刚 设计 李德超	页	21

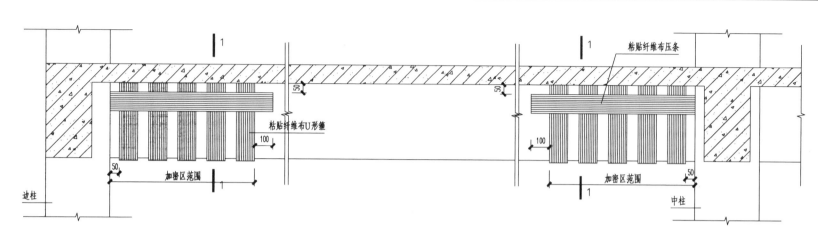

框架梁受剪承载力加固

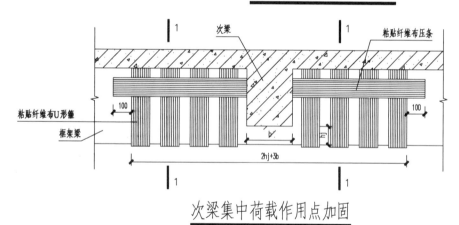

次梁集中荷载作用点加固

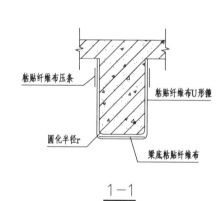

1-1

注:
1 梁角部U形粘贴部位应打磨成圆角,圆化半径r不应小于20mm.
2 梁端加密区长度宜为梁截面高度的2倍和500mm两者中的较大值.
3 U形纤维布的宽度不应小于100mm,净距不应大于100mm.

粘贴纤维布法加固框架梁受剪载力及次梁集中荷载作用点	图集号	川16G122-TY(五)
审核 陈雪莲 陈雪莲 校对 甘立刚 设计 李德超	页	22

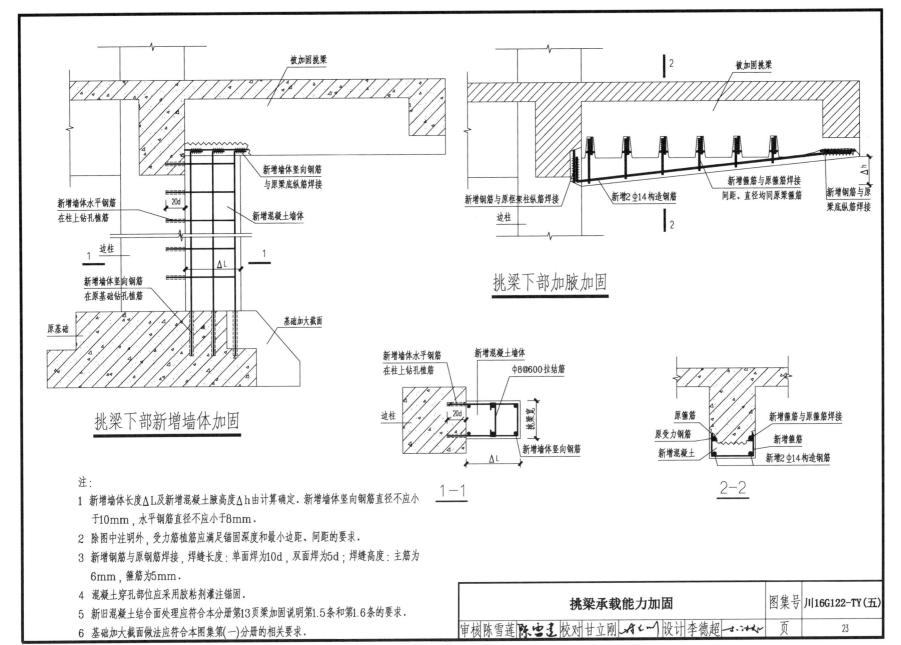

挑梁下部新增墙体加固

挑梁下部加腋加固

1—1

2—2

注:
1 新增墙体长度ΔL及新增混凝土腋高度Δh由计算确定. 新增墙体竖向钢筋直径不应小
　于10mm, 水平钢筋直径不应小于8mm.
2 除图中注明外, 受力筋植筋应满足锚固深度和最小边距、间距的要求.
3 新增钢筋与原钢筋焊接, 焊缝长度:单面焊为10d; 双面焊为5d; 焊缝高度:主筋为
　6mm; 箍筋为5mm.
4 混凝土穿孔部位应采用胶粘剂灌注锚固.
5 新旧混凝土结合面处理应符合本分册第13页梁加固说明第1.5条和第1.6条的要求.
6 基础加大截面做法应符合本图集第(一)分册的相关要求.

挑梁承载能力加固	图集号	川16G122-TY(五)
审核 陈雪莲　校对 甘立刚　设计 李德超	页	23

板加固说明

1 预制板加固

1.1 预制板主要指预应力混凝土空心板。预制板受力属于简支板,其加固方法主要有板面增大截面加固法和板底粘贴纤维布加固法。

1.2 预制板增大截面加固法是凿除预制板部分孔位置的板面混凝土,在其中布置受力钢筋及混凝土,在板面增做厚度不小于40mm的钢筋混凝土后浇叠合层。

1.3 预制板支座处支承长度不足时,按本图集第(二)分册第33页加固方法实施。

1.4 预制板出现明显变形、裂缝及其他影响承载能力的损伤时,应对受损的预制板进行拆除后改为现浇板。

2 现浇板加固

2.1 现浇板常用的加固方法主要有增大截面加固法、粘贴钢板加固法和粘贴纤维布加固法。

2.2 增大截面法加固

2.2.1 增大截面法加固现浇板是在现浇板板面增做厚度不小于40mm的钢筋混凝土后浇叠合层。叠合层新增钢筋应由计算确定;新增钢筋宜通长布置,且在支座处应有可靠锚固。新旧结混凝土结合面应设置Φ8@300拉结筋,拉结筋在原现浇板中的锚固深度应为原板厚度的2/3。

2.2.2 增大截面法加固现浇板的混凝土新旧结合面,除结合面经修整露出骨料新面后,尚应采用花锤、砂轮机或高压水射流进行打毛,必要时,也可凿成沟槽。

2.2.3 模板及模板支撑应可靠,模板的接缝不应漏浆。在浇筑混凝土前,模板内的杂物应清理干净;木模板应浇水湿润,但模板内不应有积水。

2.2.4 应在浇筑完毕后的12小时以内对混凝土加以覆盖并保湿养护,养护时间不得少于7天。养护用水应与拌制用水相同。

2.2.5 底模及其支撑应在混凝土强度达到设计强度的100%时方可拆除。

2.3 粘贴钢板法加固

2.3.1 粘贴钢板法加固现浇板一般采用定型扁钢,扁钢规格和间距由计算确定,一般取-(100~200)×(3~4),间距为200~400mm。

2.3.2 为提高粘贴钢板加固质量及效果,全部扁钢均采用锚栓进行附加锚固,锚栓采用8.8级机械锚栓,规格一般取M8,间距取400mm。

2.3.3 原构件混凝土界面(粘合面)经修整露出结构新面,对较大孔洞、凹面、露筋等缺陷进行修补,并修复平整、打毛处理;加固用钢板的界面(粘合面)应除锈、脱脂、打磨至露出金属光泽,并进行打毛和糙化处理。

2.3.4 粘贴钢板加固法施工顺序:界面处理—注胶施工—固定、加压、养护—防护层施工。

2.3.5 粘贴的钢板表面应进行防锈处理。

2.4 粘贴纤维布法加固

2.4.1 粘贴纤维布法加固现浇板,可双面双向粘贴纤维布,其宽度、间距由计算确定。

2.4.2 粘贴纤维布法加固现浇板,原构件混凝土界面(粘合面)经修整露出结构新面,对较大孔洞、凹面、露筋等缺陷进行修补,并修复平整、打毛处理;加固用钢板的界面(粘合面)应除锈、脱脂、打磨至露出金属光泽,并进行打毛和糙化处理。

2.4.3 纤维布的表面可采用砂浆保护层。碳纤维布粘贴完成后,在布表面刷一层结构胶,初凝前向其撒一层粗砂,增加与抹灰层的粘结。

	板加固说明	图集号	川16G122-TY(五)
审核 陈雪莲 陈雪莲 校对 甘立刚 设计 李德超		页	24

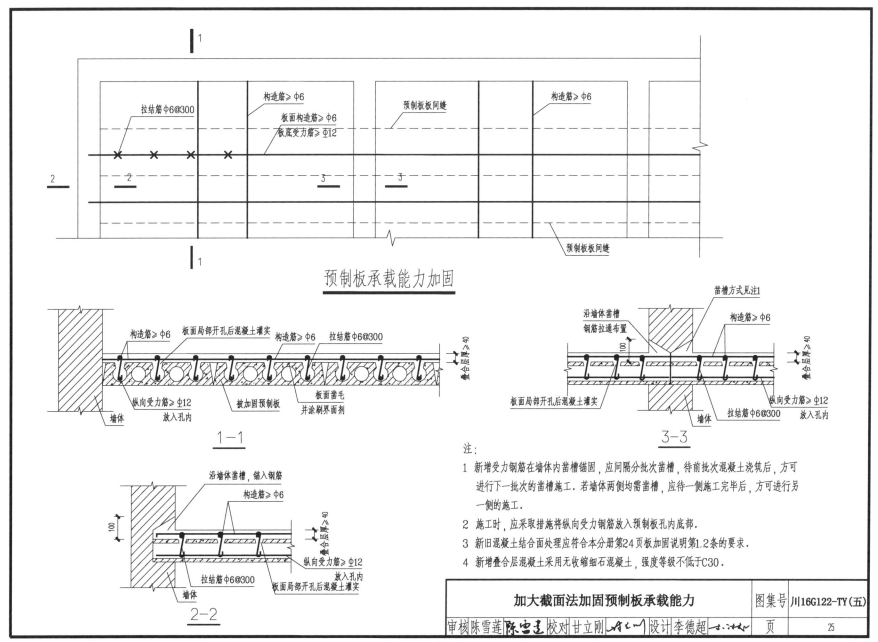

预制板承载能力加固

1-1

2-2

3-3

注:
1 新增受力钢筋在墙体内凿槽锚固,应间隔分批次凿槽,待前批次混凝土浇筑后,方可进行下一批次的凿槽施工.若墙体两侧均需凿槽,应待一侧施工完毕后,方可进行另一侧的施工.
2 施工时,应采取措施将纵向受力钢筋放入预制板孔内底部.
3 新旧混凝土结合面处理应符合本分册第24页板加固说明第1.2条的要求.
4 新增叠合层混凝土采用无收缩细石混凝土,强度等级不低于C30.

加大截面法加固预制板承载能力	图集号	川16G122-TY(五)
审核 陈雪莲 校对 甘立刚 设计 李德超	页	25

95

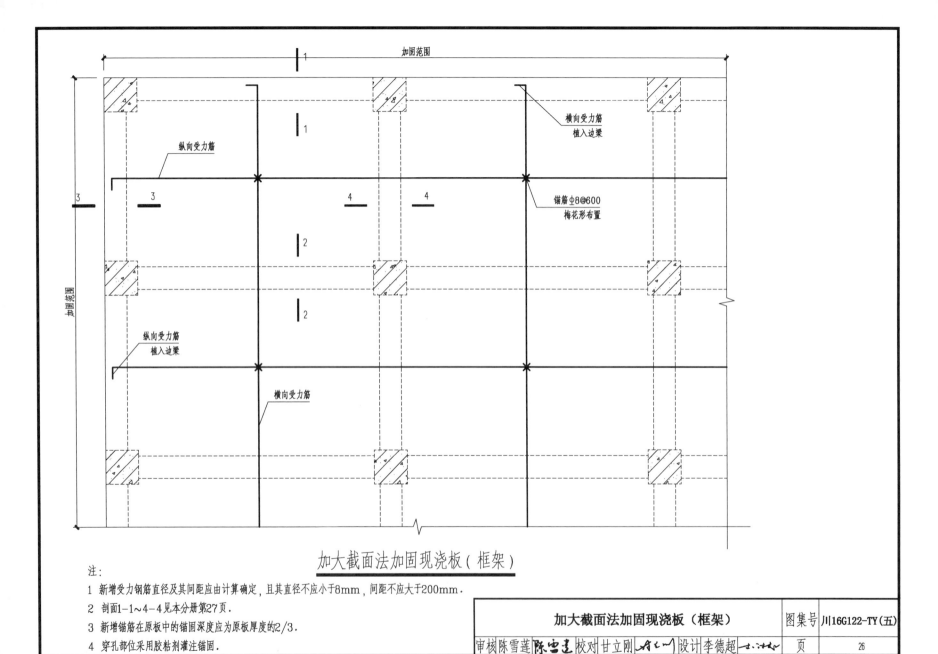

加大截面法加固现浇板（框架）

注:
1 新增受力钢筋直径及其间距应由计算确定，且其直径不应小于8mm，间距不应大于200mm。

2 剖面1-1~4-4见本分册第27页。

3 新增锚筋在原板中的锚固深度应为原板厚度的2/3。

4 穿孔部位采用胶粘剂灌注锚固。

加大截面法加固现浇板（框架）		图集号	川16G122-TY(五)
审核 陈雪莲 陈雪莲 校对 甘立刚 设计 李德超		页	26

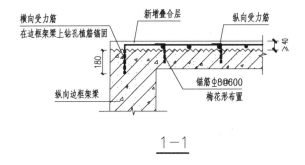

1-1

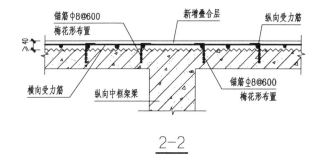

2-2

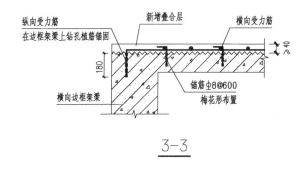

3-3

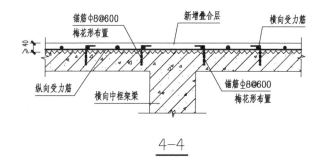

4-4

注：

1 新增受力钢筋直径及其间距应由计算确定，且其直径不应小于8mm，间距不应大于200mm。

2 新增锚筋在原板中的锚固深度应为原板厚度的2/3。

3 混凝土穿孔部位采用胶粘剂灌注锚固。

4 新旧混凝土结合面处理应符合本分册第24页板加固说明第2.3条的要求。

板加固	剖面详图	图集号	川16G122-TY（五）
加大截面法			
审核 陈雪莲 陈雪莲 校对 甘立刚	设计 李德超	页	27

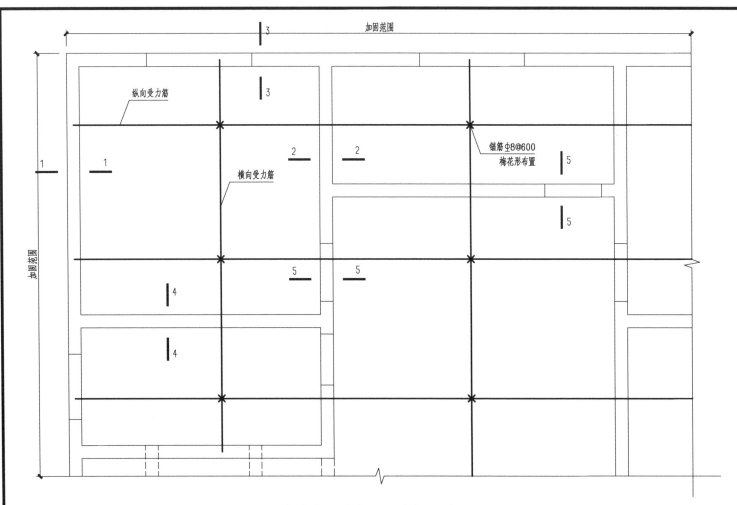

加固范围

纵向受力筋

横向受力筋

锚筋Φ8@600
梅花形布置

加大截面法加固现浇板（砖混）

注：
1 新增受力钢筋直径及其间距应由计算确定，且其直径不应小于8mm，间距不应大于200mm．

2 剖面1-1~5-5见本分册第29页．

3 新增锚筋在原板中的锚固深度应为原板厚度的2/3．

4 穿孔部位采用胶粘剂灌注锚固．

加大截面法加固现浇板（砖混）	图集号	川16G122-TY（五）
审核 陈雪莲 陈雪莲 校对 甘立刚 设计 李德超	页	28

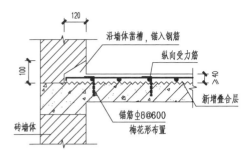

1-1

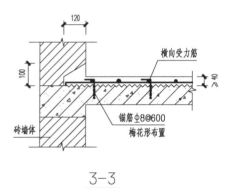

3-3

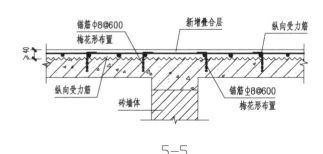

5-5

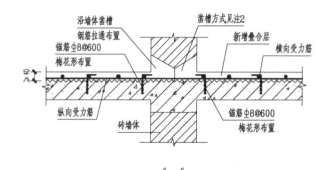

2-2

4-4

注:
1 新增受力钢筋直径及其间距应由计算确定,且其直径不应小于8mm,间距不应大于200mm.
2 新增受力钢筋在墙体内凿槽锚固,应间隔分批次凿槽,待前批次混凝土浇筑后,方可进行下一批次的凿槽施工.若墙体两侧均需凿槽,应待一侧施工完毕后,方可进行另一侧的施工.
3 新增锚筋在原板中的锚固深度应为原板厚度的2/3.
4 混凝土穿孔部位采用胶粘剂灌注锚固.
5 新旧混凝土结合面处理应符合本分册第24页板加固说明第2.2.2条的要求.

板加固	剖面详图	图集号	川16G122-TY(五)
加大截面法			
审核 陈雪莲 陈雪莲 校对 甘立刚 设计 李德超		页	29

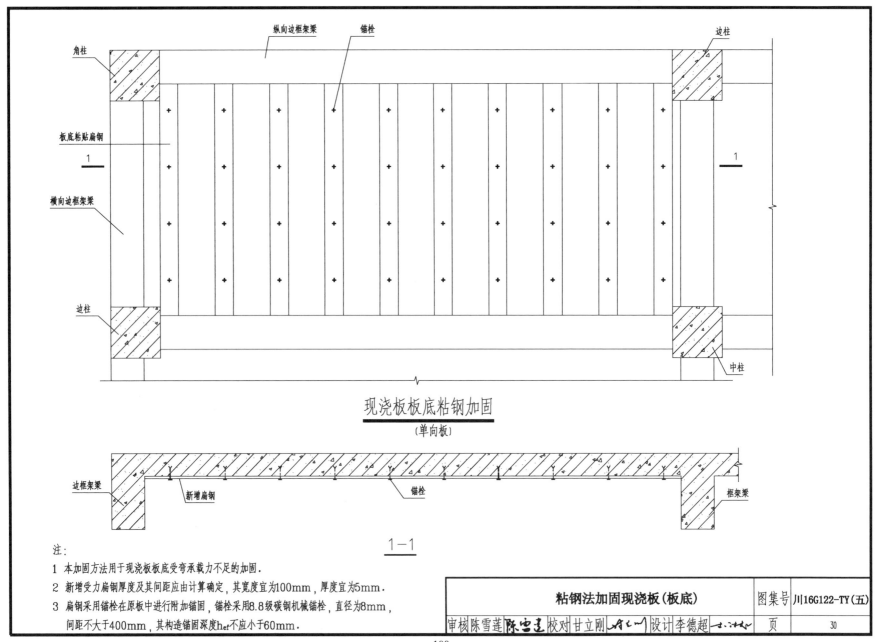

纵向边框架梁　锚栓　边柱

角柱

板底粘贴扁钢

1

横向边框架梁

边柱

中柱

现浇板板底粘钢加固
(单向板)

边框架梁　新增扁钢　锚栓　框架梁

1-1

注:
1 本加固方法用于现浇板板底受弯承载力不足的加固.
2 新增受力扁钢厚度及其间距应由计算确定,其宽度宜为100mm,厚度宜为5mm.
3 扁钢采用锚栓在原板中进行附加锚固,锚栓采用8.8级碳钢机械锚栓,直径为8mm,
  间距不大于400mm,其构造锚固深度h$_{ef}$不应小于60mm.

粘钢法加固现浇板(板底)

图集号　川16G122-TY(五)
审核 陈雪莲 陈雪莲　校对 甘立刚　设计 李德超
页　30

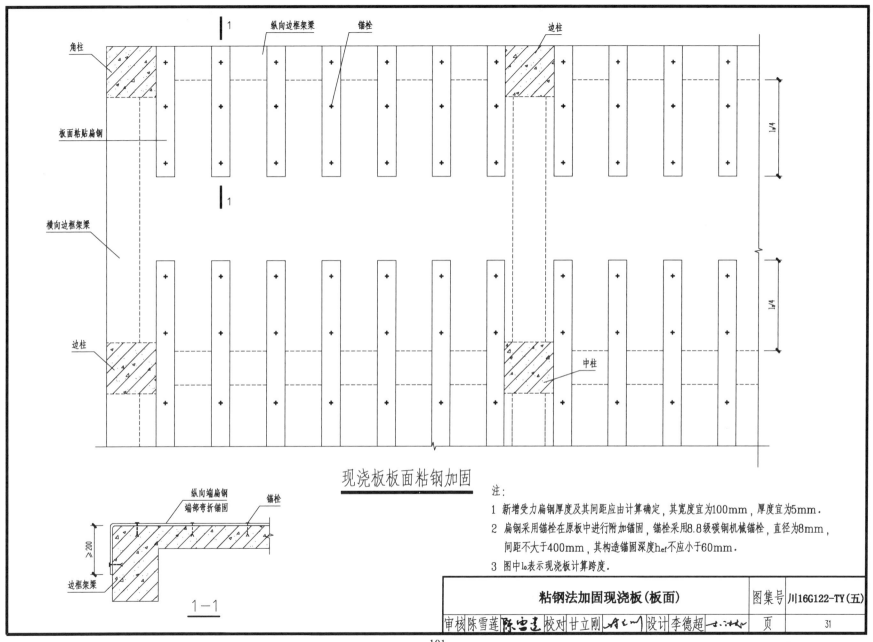

现浇板板面粘钢加固

注:
1 新增受力扁钢厚度及其间距应由计算确定,其宽度宜为100mm,厚度宜为5mm.
2 扁钢采用锚栓在原板中进行附加锚固,锚栓采用8.8级碳钢机械锚栓,直径为8mm,间距不大于400mm,其构造锚固深度h_{ef}不应小于60mm.
3 图中l_0表示现浇板计算跨度.

1-1

粘钢法加固现浇板(板面)	图集号	川16G122-TY(五)
审核 陈雪莲 校对 甘立刚 设计 李德超	页	31

101

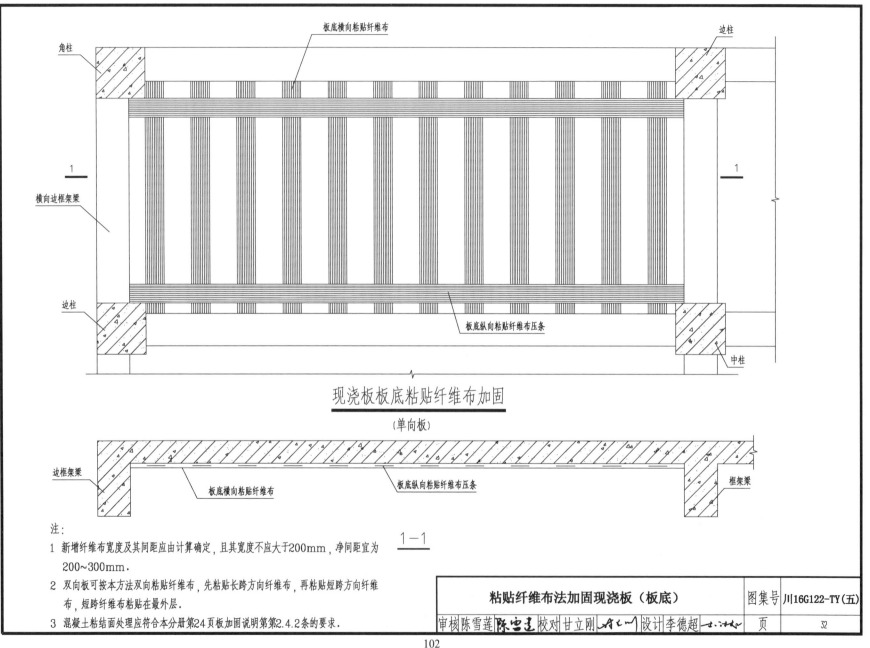

板底横向粘贴纤维布

角柱

边柱

1

横向边框架梁

边柱

1

中柱

板底纵向粘贴纤维布压条

现浇板板底粘贴纤维布加固

(单向板)

边框架梁

板底横向粘贴纤维布

板底纵向粘贴纤维布压条

框架梁

1—1

注:
1 新增纤维布宽度及其间距应由计算确定,且其宽度不应大于200mm,净间距宜为
  200~300mm.
2 双向板可按本方法双向粘贴纤维布,先粘贴长跨方向纤维布,再粘贴短跨方向纤维
  布,短跨纤维布粘贴在最外层.
3 混凝土粘结面处理应符合本分册第24页板加固说明第第2.4.2条的要求.

粘贴纤维布法加固现浇板(板底)

图集号 川16G122-TY(五)

审核 陈雪莲　校对 甘立刚　设计 李德超　页　32

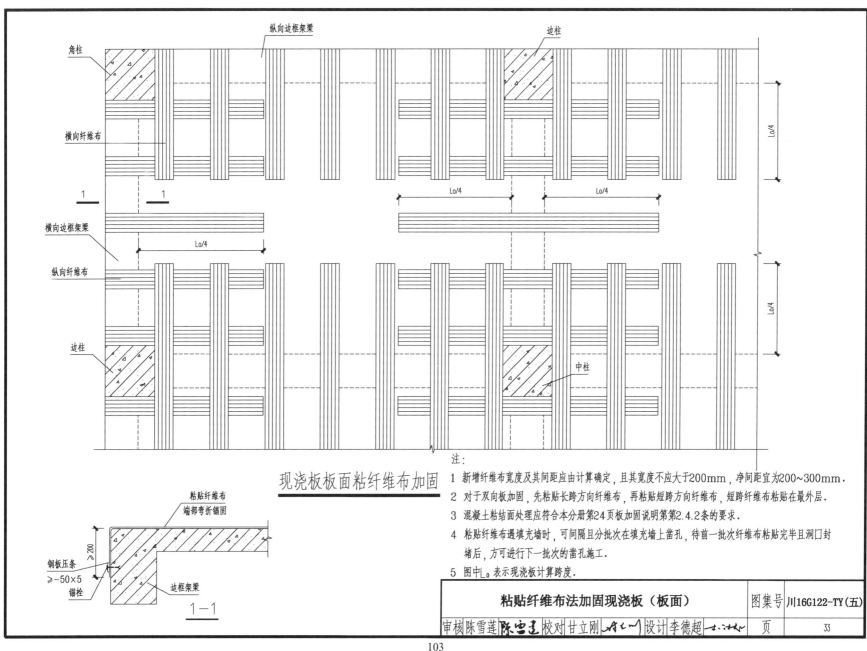

现浇板板面粘纤维布加固

注：

1 新增纤维布宽度及其间距应由计算确定，且其宽度不应大于200mm，净间距宜为200~300mm．

2 对于双向板加固，先粘贴长跨方向纤维布，再粘贴短跨方向纤维布，短跨纤维布粘贴在最外层．

3 混凝土粘结面处理应符合本分册第24页板加固说明第第2.4.2条的要求．

4 粘贴纤维布遇填充墙时，可间隔且分批次在填充墙上凿孔，待前一批次纤维布粘贴完毕且洞口封堵后，方可进行下一批次的凿孔施工．

5 图中L_o表示现浇板计算跨度．

粘贴纤维布法加固现浇板（板面）	图集号	川16G122-TY(五)
审核 陈雪莲 陈雪莲 校对 甘立刚 设计 李德超	页	33

四川省农村居住建筑维修加固图集
（屋盖系统）

批准部门：四川省住房和城乡建设厅

主编单位：四川省建筑科学研究院

参编单位：四川省建筑工程质量检测中心
　　　　　四川省建筑新技术工程公司
　　　　　西南交通大学校园规划与建设处

批准文号：川建标发(2016)947号

图集号：川16G122-TY（六）

实施日期：2017年2月1日

主编单位负责人：吴体

主编单位技术负责人：

技术审定人：李永石　凌飞建

设计负责人：蒋智勇

目　录

								目录		图集号	川16G122-TY(六)
审核	李德超		校对	甘立刚		设计	蒋智勇			页	1

说　明

1　一般规定

1.1　本分册适用于钢筋混凝土屋盖、木梁、木屋架承重的屋盖系统的加固维修。

1.2　对鉴定不满足要求的屋盖系统，可根据实际情况采取加固维修屋盖系统中结构构件、加强木梁或木屋架与墙体连接、加强屋盖系统支撑、减轻屋盖重量等措施进行加固维修。

1.3　应拆除砌筑在屋盖中木梁或屋架上腹杆间的土坯、砖山花；屋顶覆盖的草泥过厚时，应结合屋面防水的要求减薄屋顶覆土。

1.4　屋面工程应根据工程特点、地区自然条件等，进行屋面防水工程的加固维修。屋面防水多道设防时，可将卷材、涂膜、细石防水混凝土、瓦等材料复合使用，也可使用卷材叠层。屋面防水设计采用多种材料复合时，耐老化、耐穿刺的防水层应放在最上面，相邻材料应具有相容性。

1.5　木材材质及防腐要求应满足本图集第（四）分册相关要求进行处理。

2　维修加固方法

2.1　钢筋混凝土屋面板裂缝加固

2.1.1　钢筋混凝土屋面板的裂缝加固，应按本图集第（五）分册的相关要求进行处理。

2.1.2　对屋面板的裂缝进行封闭处理后，应对屋面防水进行重新处理。

2.2　屋面渗漏维修

2.2.1　对出现渗漏的钢筋混凝土平屋面，可凿除原房屋防水层后重做屋面防水。为减小屋面自重，可选用柔性防水屋面。柔性防水屋面包括卷材防水屋面和涂膜防水屋面。

2.2.2　对于出现渗漏的坡屋面，屋面维修应满足如下要求：

（1）更换掉造成屋面渗漏的断瓦、移位瓦及瓦下已腐烂的油毡及木板。

（2）平瓦、油毡瓦屋面与山墙及突出屋面结构的构件等交接处，均应做泛水处理。

（3）防水材料的铺设应满足相关要求。

2.3　屋盖木构架裂纹加固

2.3.1　轻微的劈裂可直接用铁箍加固，铁箍的数量和大小根据具体情况确定。铁箍一般采用环形，接头处用螺栓或特制大帽钉连接。断面较大的矩形构件可用U形铁兜住，上部用长脚螺栓拧牢。

2.3.2　出现裂缝的木构件加固维修应按本图集第（四）分册的相关要求实施。

2.4　木屋架下挠加固

用钢拉杆作为下弦对屋架进行构造性加固。在屋架下弦的两侧面各加设一根通长的钢拉杆，拉杆梁端用双螺帽与杆件端头所加工的钢板联结，并在下弦中间适当位置增设硬木枋或施工时，钢拉杆在屋架端头用钢丝绳固定，并用花篮螺丝张紧，花篮螺丝采用双螺帽。钢拉杆自成体系，但仍在原屋架的每个节点处通过钢板套箍与原屋架下弦相连。

2.5　木屋架整体性加固

2.5.1　木屋架构件之间应有圆钉、扒钉或钢丝等相互连接。

2.5.2　为了增强木屋架结构的整体能力，若原屋架之间无竖向支撑，在部分开间内增设钢拉杆垂直支撑，通过钢板套箍与原屋架相连。

2.5.3　6度至9度设防时，木屋架间增设通长水平系杆。8度设防时木屋盖应增设稀铺望板，9度设防时木屋盖应增设满铺望板。屋架的支撑设置应满足如下要求：

（1）当屋架跨度大于6m时，在房屋两端的第二开间各设一道上弦横向支撑；

（2）9度时稀铺望板或无望板的木屋盖，应在房屋两端第二开间各设置一道上弦、下弦横向支撑，尚应隔开间设置跨中竖向支撑。

（3）当屋架跨度不大于15m时，每隔一开间在屋架中央节点处设置一道剪刀撑；当屋架跨度大于15m时，每隔一开间在屋架跨度1/3左右节点处各设置剪刀撑。当屋架下无吊顶时，在剪刀撑相应的节点处应设置通长的水平拉杆，并用螺栓牢固连接。

说明						图集号	川16G122-TY(六)
审核	李德超	校对	甘立刚	设计	蒋智勇	页	2

2.6 木屋架或檩条支座处加固

木屋架或木梁在墙上的支承长度小于180mm，且无锚固措施时，可采用附木柱、砌砖柱、沿墙加托木、加夹板接长支座等方法进行加固。

2.7 硬山承檩加固或加强拉接措施。

2.7.1 8、9度设防时，应在硬山顶部增设配筋砂浆带组合圈梁，且增加硬山与檩条的可靠连接。

2.7.2 搁置在砖墙上的木檩条应铺设砂浆垫层。

2.8 加强檩条与屋架及木屋架各杆件之间的连接措施

2.8.1 8、9度设防时，木檩条与木屋架间无连接的可采用扒钉钉牢，上弦节点处的檩条与屋架上弦可采用螺栓连接。

2.8.2 对构造不合理的木构架，应采取增设杆件的方法加固；无下弦人字木屋架应增设下弦。

2.8.3 7度及其以上设防时，木柱与木屋架间增设木斜撑或钢斜撑，斜撑可采用螺栓连接。

2.9 加强木屋架与砖垛的拉结锚固措施

支撑木屋架的砖垛可以采用外包钢筋网片水泥砂浆面层进行加固，并在屋架下弦增设拉结筋，拉结筋锚固于下部砖垛的外包钢筋网片水泥砂浆面层中。外包的钢筋网片水泥砂浆面层应延伸至下部墙体。

2.10 当出屋顶烟囱、无拉结的女儿墙、门脸等不符合要求时，宜拆除或降低高度或采用型钢、钢拉杆加固。

3 施工要求

3.1 钢筋混凝土屋盖板的裂缝处理应依据本图集第(五)分册的相关要求实施。

3.2 钢筋混凝土平屋面渗漏的维修，可剔除原屋面防水层后重作屋面防水。重作的防水屋面宜选用卷材或涂膜等柔性防水材料。屋面维修应满足以下要求：

(1) 找平层表面应压实平整，排水坡度应符合设计要求。采用水泥砂浆找平层时，水泥砂浆抹平收水后应二次压光和充分养护，不得有酥松、起砂、起皮现象。

(2) 防水层施工完后必须及时做好保护层，避免破坏防水层。严禁在已完工的防水层上打眼凿洞，如确需打眼凿洞时，损坏的防水层应做防水密封处理，并与原防水连成整体。

(3) 突出屋面的构件与屋面的连接处、转角处(水落口、檐口、天沟、屋脊等)找平层应做成半径≥50mm的圆弧。

(4) 屋面防水层施工完后做保护层，在保护层上做屋面面层。

3.3 坡屋面渗漏的维修应符合以下要求：

3.3.1 平瓦、油毡瓦屋面与山墙及突出屋面结构的构件等交接处，均应做泛水处理。

3.3.2 在木基层上铺设卷材时，应在木屋面板上自下而上平行屋脊铺设一层防水卷材，搭接顺流水方向，搭接长度不小于100mm，并用顺水条将卷材压钉在木屋面板上，顺水条间距宜为500mm，再在顺水条上铺钉挂瓦条。

3.3.3 铺设平瓦的施工应符合下列要求：

(1) 应铺成整齐的行列，彼此紧密搭接，并应瓦榫落槽，瓦脚挂牢，瓦头排齐，檐口应成一直线。脊瓦搭盖间距应均匀；脊瓦与坡面瓦之间的缝隙，应采用掺有纤维的混合砂浆填实抹平；屋脊和斜脊应平直，无起伏现象。沿山墙封檐的一行瓦，宜用1:2.5的水泥砂浆做出披水线将瓦封固。

(2) 平瓦应均匀分散堆放在两坡屋面上，不得集中堆放。铺瓦时，应由两坡从下向上同时对称铺设。在基层上采用泥背铺设平瓦时，泥背应分两层抹抹，待第一层干燥后再铺抹第二层，并随铺平瓦。

(3) 在混凝土基层上铺设平瓦时，应在基层表面抹1:3水泥砂浆找平层，钉设挂瓦条挂瓦。当设有卷材或涂膜防水层时，防水层应铺设在找平层上；当设有保温层时，保温层应铺设在防水层上。

3.3.4 铺设小青瓦的施工应符合下列要求：

(1) 工艺流程一般为：铺瓦准备工作→基层检查→上瓦、堆放→铺筑屋脊瓦→铺檐口瓦、屋面瓦→粉山墙披水线→检查、清理。铺挂小青瓦的操作顺序与铺平瓦基本相同。即从左往右、自下往上。

说明	图集号	川16G122-TY(六)
审核 李德超 〔签名〕 校对 甘立刚 〔签名〕 设计 蒋智勇 〔签名〕	页	3

（2）做屋脊时，一般先在靠近屋脊两边的坡屋面上先铺筑5-6张仰瓦或俯瓦作为分垄的标准。屋脊筑完后用混合砂浆或纸筋灰将脊背及瓦垄的缝堵塞密实、压紧抹光。

（3）铺挂檐口瓦和屋面瓦。檐口第一皮瓦挑出檐口的长度不得少于50mm，檐口瓦垄必须与屋脊瓦垄上下对直，以利排水。檐口仰瓦相邻的空隙要用砂浆和碎瓦片填塞稳后再盖2-3张俯瓦。檐口处第一张仰瓦应抬高20mm～30mm，以防俯瓦下滑。

铺屋面瓦时，应先顺斜坡拉线，再从檐口开始，自下往上一垄一垄地进行铺挂。铺瓦要求"一搭三或压二露三"，即要求瓦面上下搭接2/3。

俯仰瓦屋面的相邻两垄俯瓦和仰瓦的边之间要搭接40mm。铺俯仰瓦时，应先铺两垄仰瓦，并在其两垄仰瓦之间空隙处用灰浆塞垫稳后再铺俯瓦。

若铺仰瓦屋面，则要在每两垄之间空隙处用灰泥堵塞饱满后，用麻刀灰做出灰埂，并在灰埂上涂刷一屋与瓦颜色相近的灰浆，再抹压圆直。

若是不做灰埂的仰瓦屋面应挑选外形整齐一致的小青瓦铺挂，且要求边缘必须咬接紧密，坐浆饱满，铺挂密实稳牢。悬山屋面，山墙处的瓦应挑出半块瓦宽，再粉拔水线。硬山屋面则可用仰瓦随屋面坡度侧贴上墙上作泛水。

3.3.5 木基层上铺设油毡瓦的施工应符合下列要求：

（1）油毡瓦的木基层应平整。铺设时，应在基层上先铺一层卷材垫毡，从檐口往上用油毡钉铺钉，钉帽应盖在垫毡下面，垫毡搭接宽度不应小于50mm。

（2）油毡瓦应自檐口向上铺设，第一层瓦应与檐口平行，切槽向上指向屋脊；第二层瓦应与第一层叠合，但切槽向下指向檐口；第三层瓦应压在第二层上，并露出切槽。相邻两层油毡瓦，其拼缝及切槽应均错开。

（3）每片油毡瓦不应少于4个油毡钉，油毡钉应垂直钉入，钉帽不得外露油毡瓦表面。当屋面坡度大于15度时，应增加油毡钉或采用沥青胶粘贴。

（4）铺设脊瓦时，应将油毡瓦切槽剪开，分成四块做为脊瓦，并用两个油毡钉固定；脊瓦应顺年最大频率风向搭接，并应搭盖住两坡面油毡瓦接缝的1/3；脊瓦与脊瓦的压盖面，不应小于脊瓦面积的1/2。

（5）屋面与突出屋面结构的交接处，油毡瓦应铺贴在立面上，其高度不应小于250mm。

（6）在混凝土基层上铺设油毡瓦时，应在基层表面抹1:3水泥砂浆找平层，再铺设卷材垫毡和油毡瓦。

3.3.6 坡屋面的雨水可沿屋面经屋檐自由排下，也可在屋檐处设置檐沟、水斗垂直排下。

3.3.7 平瓦屋面的瓦头挑出封檐的长度宜为50mm～70mm，油毡瓦屋面的檐口应设金属滴水板。

3.3.8 平瓦伸入天沟、檐沟的长度宜为50mm～70mm；檐口油毡瓦与卷材之间，应采用满粘法铺贴。

3.3.9 平瓦屋面的脊瓦下端距坡面瓦的高度不宜大于80mm，脊瓦在两坡面瓦上的搭盖宽度，每边不应小于40mm。油毡瓦屋面的脊瓦在两坡面瓦上的搭盖宽度，每边不应小于150mm。

4 其他要求

4.1 维修加固所使用的木材含水率宜控制在25%以下，且应经过防白蚁、防腐处理。必须对设计要求、木材强度、现场木材供应情况等作全面的了解。提供的结构用材，材质证明资料应齐全有效。

4.2 木屋盖系统在进行修理、加固和更换时，需要一个卸载工序，或将其脱离整个结构的工序，修理时一般又不能使房屋使用中断。一般都应遵照先支撑，后加固的程序进行施工。支撑不仅要保证维修加固全过程的安全，还要保证所有更换或新加的杆件，在整体结构中能有效地参与受力。支撑用料大多使用木材。支撑的形式主要可分为竖直支撑（单木顶撑、多木杠撑、龙门架等）和横向拉固（水平、斜向搭头）两种。临时顶撑向上抬起的高度应与屋架（或木檩条）的挠度相应，不能抬得过高，否则在更换或加固后将使构件产生附加应力。

说明	图集号	川16G122-TY(六)
审核 李德超 校对 甘立刚 设计 蒋智勇	页	4

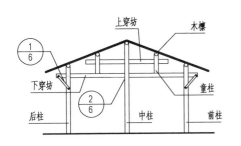

a) 穿斗木构架（单层）

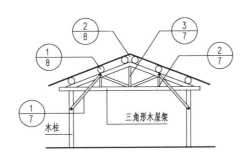

c) 木柱木屋架（单层）

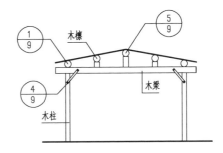

e) 木柱木梁平顶（单层）

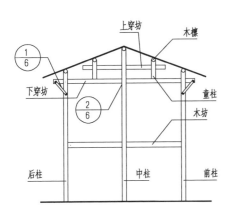

b) 穿斗木构架（两层）

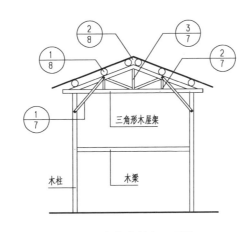

d) 木柱木屋架（两层）

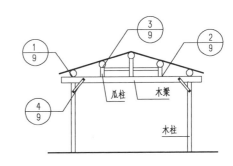

f) 木柱木梁坡顶（单层）

木构架房屋主要结构形式	图集号	川16G122-TY（六）
审核 李德超　校对 甘立刚　设计 蒋智勇	页	5

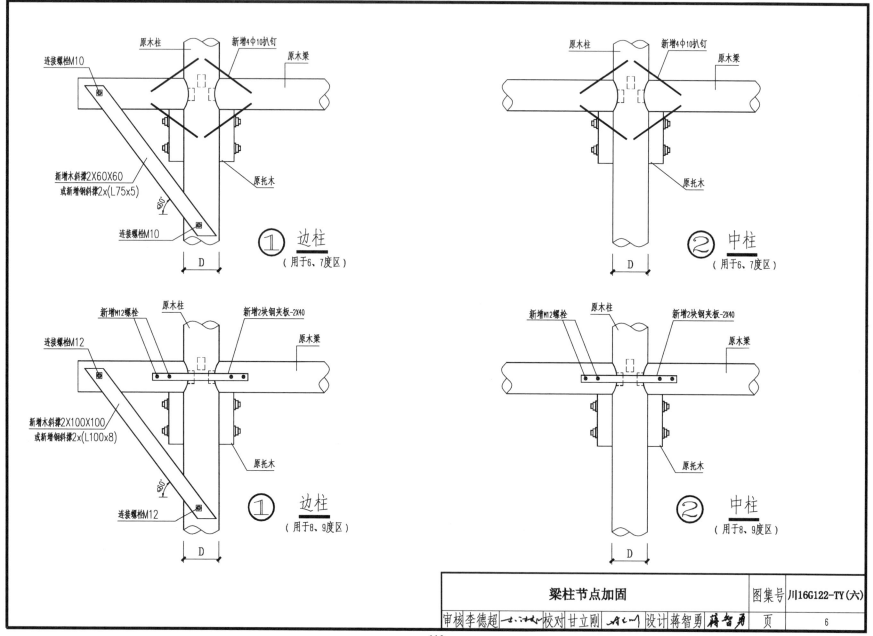

① 边柱
（用于6、7度区）

② 中柱
（用于6、7度区）

① 边柱
（用于8、9度区）

② 中柱
（用于8、9度区）

梁柱节点加固	图集号	川16G122-TY(六)
审核 李德超 校对 甘立刚 设计 蒋智勇	页	6

110

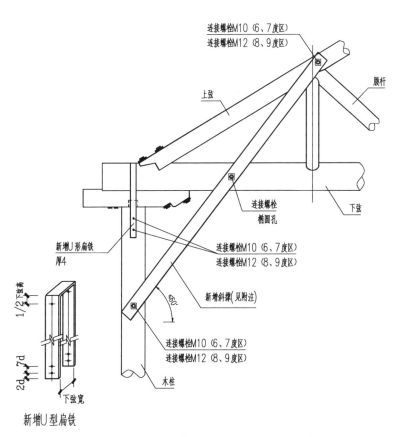

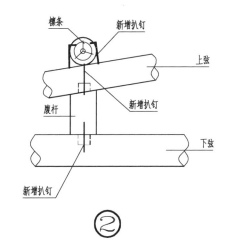

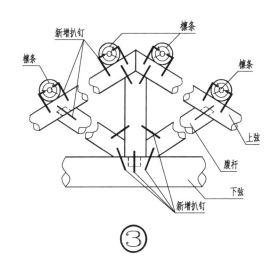

①木柱与木屋架连接增设斜撑

注:

1 图中新增斜撑在6、7度时为木斜撑2×60×60或钢斜撑2L75×5,新增斜撑在8、9度时为木斜撑2×100×100或钢斜撑2L100×8.

2 图中木檩条与木梁、上弦,腹杆与上弦、下弦,瓜柱与木梁,檩条,木柱与木梁间,当采用扒钉连接(未注明)时:6、7度区采用φ8扒钉,8度区采用φ10扒钉,9度区采用φ12扒钉.

木柱木屋架节点加固	图集号	川16G122-TY(六)
审核 李德超 校对 甘立刚 设计 蒋智勇	页	7

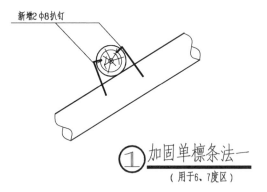

新增2φ8扒钉

$\underset{\text{（用于6、7度区）}}{\textcircled{1}\ \text{加固单檩条法一}}$

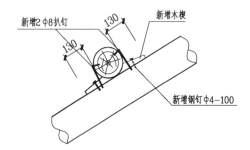

新增2φ8扒钉　130　130　新增木楔

新增钢钉φ4-100

$\underset{\text{（用于8、9度区）}}{\textcircled{1}\ \text{加固单檩条法二}}$

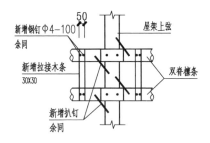

新增钢钉φ4-100　50　余同

屋架上弦

新增拉接木条 30X30

双脊檩条

新增扒钉 余同

$\underset{\text{（用于6、7度区）}}{\textcircled{2}\ \text{加固双脊檩条法一}}$

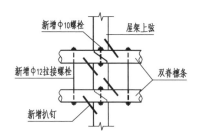

新增φ10螺栓　屋架上弦

新增φ12拉接螺栓

双脊檩条

新增扒钉

$\underset{\text{（用于8、9度区）}}{\textcircled{2}\ \text{加固双脊檩条法二}}$

注：图中木檩条与木梁、上弦，腹杆与上弦、下弦，瓜柱与木梁、檩条，
木柱与木梁间，当采用扒钉连接（未注明）时：6、7度区采用φ8扒钉，
8度区采用φ10扒钉，9度区采用φ12扒钉.

檩条节点加固	图集号	川16G122-TY(六)
审核 李德超　　校对 甘立刚　　设计 蒋智勇　蒋智勇	页	8

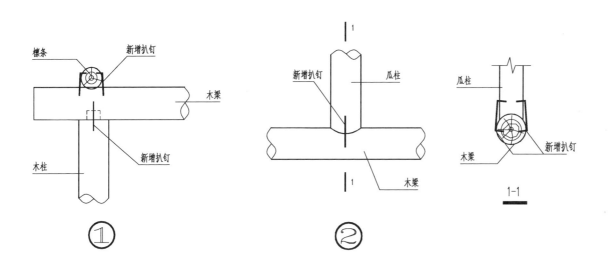

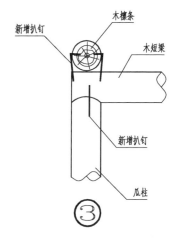

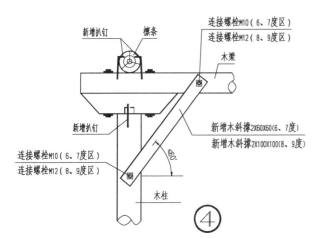

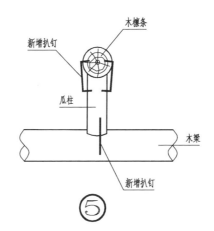

注：图中木檩条与木梁、上弦，腹杆与上弦、下弦，瓜柱与木梁、檩条，
木柱与木梁间，当采用扒钉连接（未注明）时：6、7度区采用φ8扒钉，
8度区采用φ10扒钉，9度区采用φ12扒钉．

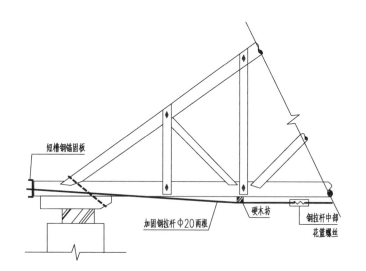

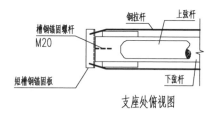

支座处俯视图

短槽钢锚固板

钢拉杆加固下挠屋架下弦

注：

1 槽钢规格不小于160mm×63mm×6.5mm（16#A型），短槽钢锚固板内可附加钢板增加厚度，总厚度不小于10mm。

2 钢拉杆焊接锚固于短槽钢锚固板上，或采用端部丝杆螺栓锚固于槽钢内（需设置垫板）。

3 钢栏杆在槽钢上的锚固点边距应满足大样图要求。

4 钢拉杆与屋架两端固定后，采用调节拉杆中部的花篮螺丝（见本分册第11页详图）来张紧下弦，
  张紧时两根花篮螺丝同时加力。

钢拉杆加固屋架	图集号	川16G122-TY（六）
审核 李德超　校对 甘立刚　设计 蒋智勇	页	10

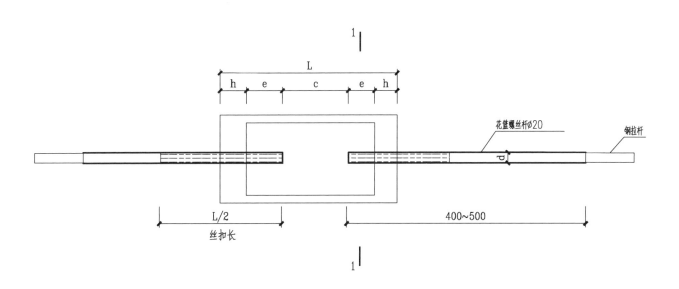

花篮螺丝做法

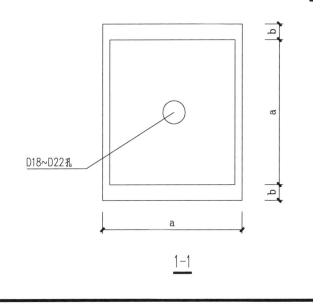

花篮螺丝尺寸(mm)

a	b	c	e	h	L
≥1.8d	≥0.3d	5~9d	2~3d	≥1.3d	250~300

注：
1 花篮螺丝杆可采用成品；花篮螺丝杆直径宜比钢拉杆加粗一级；无成品时可参考本图加工。
2 花篮螺丝与钢拉杆焊接可采用对焊或双面焊接。

1-1

钢拉杆花篮螺丝详图	图集号	川16G122-TY(六)

审核 李德超	校对 甘立刚	设计 蒋智勇	页

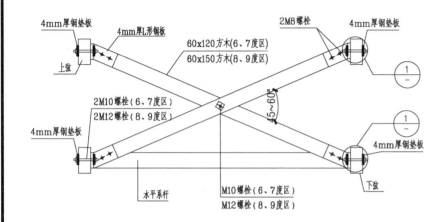

4mm厚钢垫板
4mm厚L形钢板
上弦
60x120方木(6、7度区)
60x150方木(8、9度区)
2M8螺栓
4mm厚钢垫板
2M10螺栓(6、7度区)
2M12螺栓(8、9度区)
45~60°
4mm厚钢垫板
4mm厚钢垫板
水平系杆
M10螺栓(6、7度区)
M12螺栓(8、9度区)
下弦

屋架间增设剪刀撑

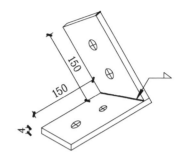

150
150

L形钢板大样

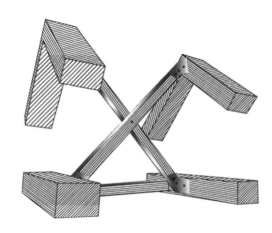

注：
1 竖向撑两端与屋架上、下弦应顶紧不留空隙。
2 三角形木屋架的跨中处应设置纵向水平系杆，系杆应与屋架下弦杆采用铁钉钉牢。

屋架间增设剪刀撑	图集号	川16G122-TY(六)
审核 李德超 校对 甘立刚 设计 蒋智勇	页	12

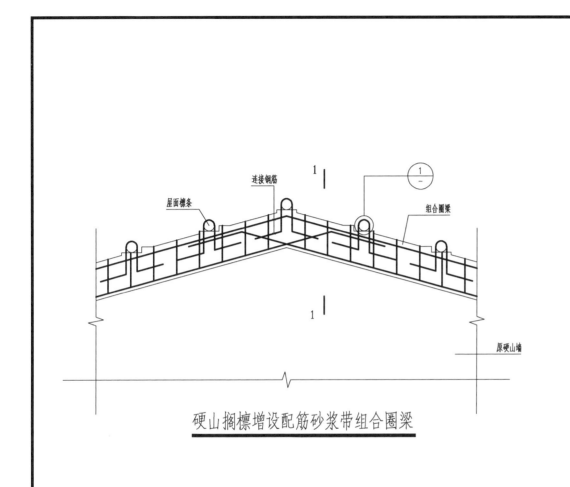

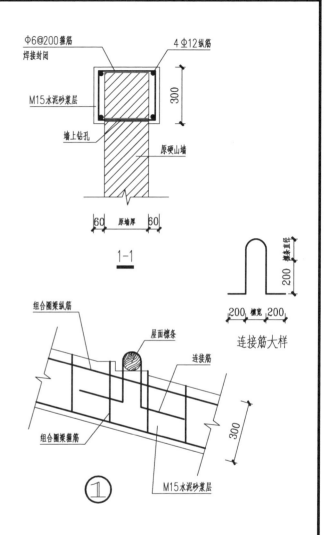

硬山搁檩增设配筋砂浆带组合圈梁

硬山搁檩增设配筋砂浆带组合圈梁	图集号	川16G122-TY(六)
审核 李德超　　校对 甘立刚　　设计 蒋智勇	页	13

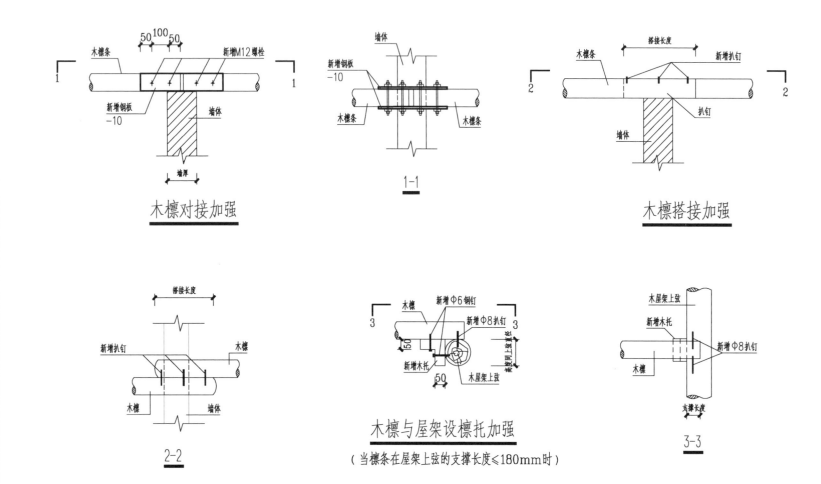

木檩对接加强

1-1

木檩搭接加强

2-2

木檩与屋架设檩托加强

（当檩条在屋架上弦的支撑长度≤180mm时）

3-3

注：图中未注明扒钉：6、7度区采用Φ8扒钉，8度区采用Φ10扒钉，9度区采用Φ12扒钉.

木檩之间加强连接、木檩与屋架加强连接	图集号	川16G122-TY(六)
审核 李德超 校对 甘立刚 设计 蒋智勇	页	14

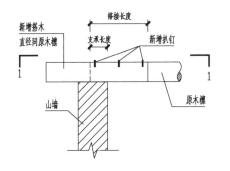

山墙檩条扒钉加长 （6、7度时）

（当檩条在墙体上的支承长度≤180mm时）

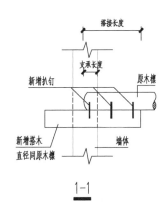

1-1

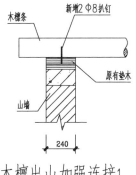

木檩出山加强连接1

（山墙有垫木时）

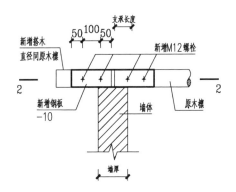

山墙檩条钢夹板加长 （8、9度时）

（当檩条在墙上的支承长度≤180mm时）

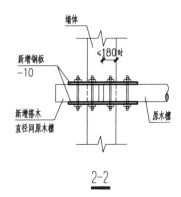

2-2

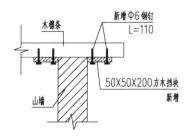

木檩出山加强连接2

（设方木挡块）

注：图中未注明扒钉：6、7度区采用φ8扒钉，8度区采用φ10扒
钉，9度区采用φ12扒钉.

木檩与墙体加强连接		图集号	川16G122-TY(六)
审核 李德超　校对 甘立刚　设计 蒋智勇		页	15